Ahmed Hammoodi

Simulação de sistemas de comunicação LTE Long-Term Evolution

Ahmed Hammoodi

Simulação de sistemas de comunicação LTE Long-Term Evolution

ScienciaScripts

Imprint
Any brand names and product names mentioned in this book are subject to trademark, brand or patent protection and are trademarks or registered trademarks of their respective holders. The use of brand names, product names, common names, trade names, product descriptions etc. even without a particular marking in this work is in no way to be construed to mean that such names may be regarded as unrestricted in respect of trademark and brand protection legislation and could thus be used by anyone.

Cover image: www.ingimage.com

This book is a translation from the original published under ISBN 978-3-659-85483-5.

Publisher:
Sciencia Scripts
is a trademark of
Dodo Books Indian Ocean Ltd. and OmniScriptum S.R.L publishing group

120 High Road, East Finchley, London, N2 9ED, United Kingdom
Str. Armeneasca 28/1, office 1, Chisinau MD-2012, Republic of Moldova, Europe
Printed at: see last page
ISBN: 978-620-8-36649-0

Índice:

Resumo:

Com a utilização generalizada da tecnologia sem fios, chegou o momento da quarta geração da tecnologia de telecomunicações móveis (4G) e a quinta geração da tecnologia de telecomunicações móveis (5G) surgirá num futuro não muito distante. Este estudo aborda determinados aspectos da conceção de sistemas de evolução a longo prazo (LTE). Centra-se na implementação da camada física LTE para estudar vários aspectos dos sistemas LTE: débito; modelo de canal; esquemas de modulação; desempenho de sistemas MIMO (multiple-input multiple-output) em diferentes condições de canal; e técnicas de estimação de canal no projeto do recetor e desempenho da taxa de erro de bits (BER) em sistemas OFDM (orthogonal frequency division multiplexing).

A metodologia adoptada examinou a relação entre a BER e a relação sinal-ruído (SNR) e a taxa de transferência em função da SNR. Em primeiro lugar, a BER vs. SNR foi implementada em diferentes cenários na camada física LTE. Estes cenários são o modo de transmissão (modo de diversidade), modelos de canal (canal de ruído branco aditivo gaussiano [AWGN]), canais Rician e Rayleigh (EPA, EVA e ETU), propagação do atraso do canal e prefixo cíclico, bem como diversidade do transmissor e do recetor com modulação QPSK (quadrature phase shift keying) e modulação de amplitude ortogonal (16-QAM e 64-QAM). Em segundo lugar, o rendimento vs. SNR no sistema LTE foi investigado relativamente à sua diversidade, bem como à sua relação com a BER. Todos os cenários foram simulados utilizando a programação de simulação MATLAB 2015a, tendo em conta cenários de construção realistas com base em informações recolhidas de várias empresas.

Os resultados da simulação neste estudo validaram que, quando a ordem de modulação aumenta, a BER aumenta para a mesma gama de valores de SNR. Além disso, o teste identificou com êxito qual a diversidade mais viável no desempenho da camada física LTE com diferentes canais. No caso do prefixo cíclico, se este aumentar, tanto a BER como a taxa de transferência diminuem. Por último, verificou-se que o LTE tende a aumentar a taxa de transferência, o que foi conseguido especificamente em dois aspectos, aumentando a diversidade nos canais multipercurso e aumentando a largura de banda.

Agradecimentos

Em primeiro lugar, todos os louvores e agradecimentos vão para Alá Todo-Poderoso, que me deu a paciência, a confiança e o conhecimento. Gostaria de expressar o meu agradecimento e gratidão ao meu primeiro supervisor, Professor Dr. Raouf Hamzaoui, pela sua preciosa recomendação e grande apoio. Agradeço também ao meu segundo orientador, Dr. Shakeel Ahmad, pela sua orientação durante os meus cursos e pelos aspectos práticos da minha tese.

Estou grato ao Departamento de Engenharia da Comunicação da Universidade De Montfort pelo programa brilhante e pelo pessoal sofisticado que me ajudou a traçar linhas de sucesso. Estou igualmente grato ao pessoal da biblioteca da Universidade De Montfort pela sua ajuda; foram realmente úteis ao fornecerem as técnicas de estudo adequadas. Além disso, gostaria de agradecer ao meu patrocinador, "*The Higher committee of Education Development in Iraq (HCED)*", por me ter concedido a bolsa de estudo para fazer o meu mestrado no Reino Unido.

Para além disso, e mais importante, gostaria de agradecer à minha mãe pela sua paciência, estando longe de mim durante quase dois anos, e pelas suas orações sinceras e cuidados inabaláveis. Ela esteve sempre comigo com o seu amor e orientação espiritual.

Além disso, estou excecionalmente grata ao meu pai, que me apoiou durante todos os meus estudos no Iraque e aqui no Reino Unido. Agradeço-lhe a sua grande orientação, a sua bondade e o seu apoio sem fim.

Finalmente, as palavras ficam mudas perante a minha mulher, pelo seu maravilhoso amor e apoio infinito. Ela abriu-me, de facto, o caminho do sucesso, suportando as dificuldades da vida. Não esqueço também o meu filho Taem e os meus irmãos e irmãs que sempre me encorajaram e rezaram para que eu fizesse o melhor.

Capítulo 1

1 Introdução

1.1 Antecedentes

Com o recente aumento do número de assinantes de telemóveis, acompanhado de um crescimento significativo da densidade de tráfego, a necessidade de redes móveis que ofereçam novos serviços, que não se limitem apenas ao serviço de voz e às mensagens curtas de texto (SMS), tornou-se uma questão preocupante. Em vez disso, chegou a altura de fornecer serviços de dados de excelente qualidade a um débito superior a 100 Mbps. A segunda geração (GSM) e a terceira geração de serviços de tecnologia móvel universal (UMTS) foram desenvolvidas para responder aos novos requisitos propostos pelo projeto de parceria de terceira geração (3GPP) e pelo projeto de sistema LongTerm Evolution (LTE), etapas iniciais para o desenvolvimento de um sistema de quarta geração capaz de acomodar um número sem precedentes de utilizadores [1], [2]

1.2 Modelo da camada física (PHY) da ligação descendente LTE

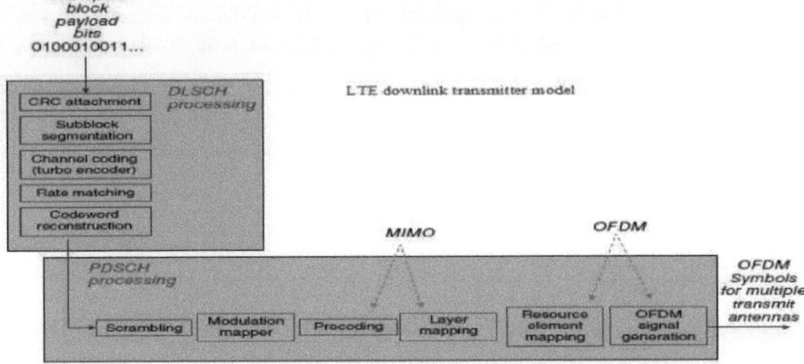

Figura 1.1: Modelo físico da ligação descendente LTE [3].

Como se pode ver na Figura 1.1, a camada física descreve o método de mapeamento da camada superior para os canais físicos, o processamento do sinal aplicado em cada canal e o transporte dos dados para a antena na fase final.

Na nomenclatura do 3GPP, a estação de base do nó melhorado (eNodeB) é considerada a estação de base e o equipamento do utilizador (UE) é considerado a unidade móvel. Assim, a Figura 1.1 ilustra o modelo PHY LTE de ligação descendente para o processo de transmissão do eNodeB para o UE.

As estratégias de processamento do canal partilhado de ligação descendente (DLSCH) têm um código de verificação de redundância cíclica (CRC) anexado para identificar erros, segmentação de dados para o número de blocos, turbo-codificação de dados do utilizador a uma taxa requerida ("rate matching") e, no final, uma reconstrução dos blocos de código em palavras de código.

A ligação descendente física é considerada a fase seguinte do processamento e é definida pelo processamento do canal partilhado de ligação descendente física (PDSCH). Nesta fase, as primeiras palavras do código são baralhadas; o resultado é um fluxo de bits que passa pelo mapeamento da modulação para se tornar um fluxo de símbolos. A fase seguinte envolve o processamento do MIMO (multiple-input multiple-output) LTE. Os símbolos do fluxo modulado são categorizados num conjunto de subfluxos, que estão então prontos para serem transmitidos por várias antenas. Assim, o bloco anterior de codificação é organizado e os símbolos são escalados especificamente para cada sub-fluxo, enquanto o mapeamento da camada escolhe uma rota de dados para cada sub-fluxo para efetuar nove modos diferentes de MIMO, que são atribuídos à transmissão da ligação descendente. Através dos mecanismos MIMO obtidos, da formação de feixes e da multiplexagem espacial, a fase final de processamento é efectuada em função do esquema de transmissão da multiplexagem ortogonal por divisão de frequência (OFDM). A transmissão do OFDM contém dois processos. O primeiro, o mapeamento do recurso, organiza os símbolos, que foram modulados em cada camada durante a grelha de recursos de tempo-frequência. Dentro da grelha na linha vertical de frequência, os dados são alinhados com subportadoras dentro da gama de frequência. No processo de geração de sinal do OFDM, é criada uma cadeia de símbolos através da realização da transformada rápida inversa de Fourier (IFFT), sendo depois transportada para cada uma das antenas para objectivos de transmissão.

1.3 Modelo da camada física (PHY) da ligação ascendente LTE

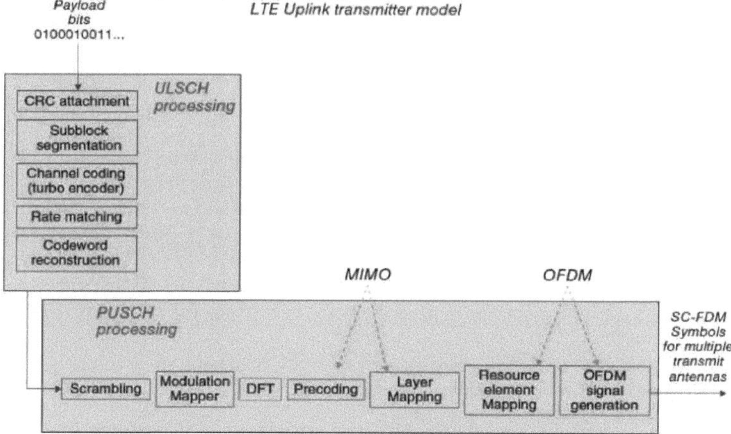

Figura 1.2: Modelo físico da ligação ascendente LTE [3].

Como se mostra na Figura 1.2, o modelo da camada física da ligação ascendente (UE para o eNodeB) inclui o bloco de pré-codificação baseado na transformada discreta de Fourier (DFT) na fase de processamento do canal físico partilhado da ligação ascendente (PUSCH), que produz símbolos de acesso múltiplo por divisão de frequência de portadora única (SC-FDMA) para transmissão, em vez de símbolos OFDM. Os símbolos SC-FDMA têm flutuações mínimas na potência de transmissão, ao contrário dos símbolos OFDM e, por conseguinte, não requerem amplificadores de potência complexos. O SC-FDMA é, por conseguinte, mais eficiente em termos de potência do que o OFDM. Isto é necessário porque o equipamento do utilizador é constituído por dispositivos portáteis com limitações de hardware e restrições em termos de potência disponível. No entanto, a maioria das vantagens do OFDM continua a existir no SC-FDMA.

1.4 Motivação para a investigação da camada física LTE

Os subscritores de serviços móveis desejam uma capacidade máxima de transmissão de dados e um baixo custo. Por conseguinte, a principal motivação para esta investigação é satisfazer as necessidades do elevado número de assinantes que acedem à Internet e a vários serviços de chamadas.

Atualmente, a maior parte das comunicações sem fios de alta especificação mais recentes baseia-se em MIMO e OFDM. A questão mais importante em torno das comunicações sem fios é a "mobilidade". Prevê-se que, em 2016, seis mil milhões de pessoas ou mais estarão a aceder à Internet e que a disponibilidade de acesso à Internet de banda larga será à escala mundial. Os actuais estabelecimentos de linhas fixas podem chegar a cerca de dois mil milhões de lares e as redes móveis ligam mais de quatro milhões de assinantes. Estes estabelecimentos estão a evoluir para o acesso à Internet em banda larga. No entanto, é necessária uma maior utilização do acesso sem fios e novos estabelecimentos de linhas fixas com capacidades alargadas para fornecer uma verdadeira conetividade em banda larga a um número cada vez maior de assinantes.

Assim, é preferível que o investigador faça com que os assinantes atinjam a capacidade máxima de dados a um custo mais baixo, melhorando a camada física, o que pode ser feito examinando os parâmetros que afectam esta camada no sistema LTE.

1.5 Desafios

Embora as diferentes aplicações incluam uma vasta gama de especificações e uma variedade de técnicas sem fios sejam utilizadas por essas aplicações, todas elas enfrentam os mesmos problemas. No entanto, a importância desses desafios difere da dos desafios das comunicações sem fios [2], [4], que são:

- Necessidade de elevados débitos de dados
- Qualidade do serviço

- Mobilidade
- Portabilidade
- Privacidade/segurança
- Reduzir o tempo de viagem de ida e volta (RTT)

Muitas exigências, como a necessidade de elevados débitos de dados e qualidade de serviço, não são exclusivas das comunicações sem fios. Isto pode ser exemplificado e explicado dizendo que os resultados das exigências podem estar nos algoritmos com menor consumo. Assim, há que ter o devido cuidado na conceção de transmissores e receptores. Como as estações de base não são alimentadas por baterias, não têm as mesmas limitações de energia que a conetividade móvel.

1.6 Declaração do problema

Este estudo centra-se no desempenho da camada física e na implementação do sistema LTE. Usando o MATLAB, é fornecido um cenário de simulação de testes que oferece recursos para testar o desempenho do throughput do LTE, a taxa de erro de bits (BER) em canais MIMO e a BER em vários modelos de canais estatísticos, além de realizar a estimação de canais.

1.7 Finalidade e objectivos

O objetivo desta investigação é estudar a camada física do LTE e analisar o seu desempenho com base no BER com diferentes canais e esquemas de modulação em diferentes cenários. Os principais objectivos deste estudo são obter:

- BER em função do modo de transmissão (modo de diversidade);
- BER em função da relação sinal-ruído (SNR);
- BER em função dos modelos de canal;
- BER em função da propagação do atraso do canal e do prefixo cíclico;
- BER em função do desempenho do LTE através da diversidade do transmissor e do recetor; e > Taxa de transferência do sistema LTE através da diversidade do recetor.

1.8 A estrutura da tese

A tese está organizada em cinco capítulos, como se segue:

Chapter 1: Este capítulo apresenta o downlink e o uplink do LTE no modelo da camada física. Além disso, são abordados os desafios do sistema LTE e os principais objectivos que serão executados nesta tese.

Capítulo 2

2 Revisão da literatura e da tecnologia

2.1 Introdução

A literatura tem apresentado várias caraterísticas e particularidades da LTE. A maior parte da investigação sobre o LTE teve início em 2007, na sequência do primeiro lançamento do projeto 3GPP [5] , que visava satisfazer os requisitos de elevada capacidade e proporcionar a melhor qualidade de serviço (QoS) às redes de telecomunicações móveis, num esforço para garantir que o sistema UMTS de terceira geração se mantivesse competitivo. O 3rd Generation Partnership Project (3GPP) teve a capacidade de criar um novo projeto em 2004, um projeto de desenvolvimento a longo prazo, agora conhecido como o sistema de quarta geração (LTE) [6]. Este capítulo demonstra os aspectos mais significativos do LTE e das suas técnicas.

A revisão da literatura e da tecnologia relevantes para as principais ideias do projeto são discutidas na secção seguinte para dar ao leitor uma melhor compreensão dos princípios e dos objectivos do presente estudo. A revisão da literatura dos estudos anteriores, que foi realizada para investigar trabalhos relacionados direta ou indiretamente com o presente estudo, revela limitações e lacunas. Assim, o presente estudo centra-se em trabalhos realistas em termos de seleção de parâmetros, nomeadamente esquemas de modulação, compatíveis com o sistema LTE, modelos de canal e técnicas que podem ser utilizadas especificamente na camada física.

2.2 Arquitetura do sistema LTE

A conceção da rede LTE mostra claramente que o principal objetivo do sistema LTE era reduzir a sua complexidade. Em primeiro lugar, o LTE não serve o circuito de conversão (serviço de comutação de circuitos), e todos os serviços são efectuados através de serviços de pacotes, o que simplifica em grande medida a rede. Assim, ao reduzir o número de elementos de rede, em comparação com os sistemas legados, a terceira geração foi realizada sem a consola central dos controladores de rede via rádio (RNC) com as tarefas atribuídas à estação com os eNodeBs, que se tornaram mais sofisticados em comparação com os sistemas anteriores, tal como o equipamento do utilizador (UE)[7].

A UE é um dispositivo transportável que possui um cartão de identidade global de assinante (USIM), que é utilizado para definir a identidade do utilizador e verificar a utilização autorizada da rede. Pode também ligar o UE a pacotes avançados, como o núcleo central de pacotes evoluídos (EPC), acedendo à rede de rádio sofisticada da rede universal terrestre de acesso via rádio (E-UTRAN), que consiste em vários eNodeBs ligados entre si através de uma interface Penny X2. A figura 2.1 mostra a arquitetura do sistema LTE [8].

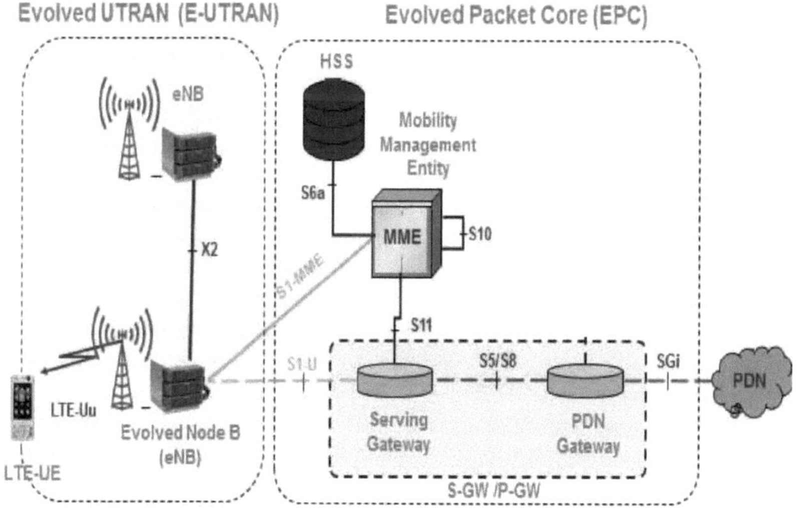

Figura 2.1: Arquitetura LTE [7]

2.3 Estrutura do quadro LTE

Existem dois tipos de quadros para o sistema LTE: o FDD e o TDD. Este estudo centrar-se-á no FDD, que se liga a uma estrutura de quadro semelhante no uplink e no downlink. A Figura 2.2 mostra alguns detalhes do quadro onde o período de tempo é de 10 mseg, e é dividido em 10 subquadros secundários (SF), cada um dos quais consiste em dois intervalos de tempo de 0,5 mseg. Cada parte secundária contém 12 ou 14 símbolos, consoante o comprimento do prefixo cíclico. No caso do prefixo cíclico normal, cada slot contém sete símbolos, enquanto o prefixo cíclico alargado tem seis ícones. O tempo de duração do prefixo cíclico alargado é de 16,67 usec, enquanto o prefixo cíclico normal é de 5,21 usec [9], [10].

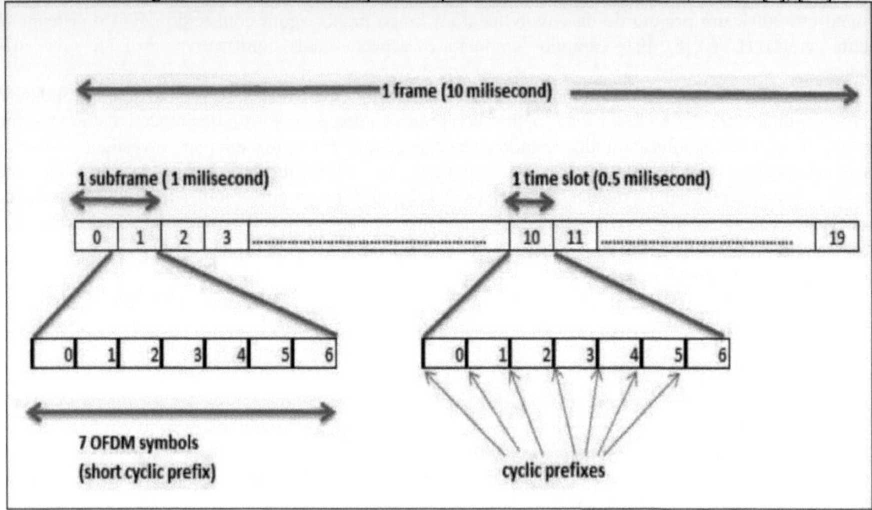

Figura 2.2: Quadro FDD em LTE [1]

A largura de banda em cada faixa horária é dividida num certo número de blocos de recursos (RB), que consistem num RB de 12 da portadora secundária (subportadora) no espaço de frequências e numa faixa horária de cada vez (0,5 mseg). Uma vez que cada portadora secundária funciona num espaço de frequência de 15 KHz, o RB funciona a 180 KHz. A figura 2.2 mostra o quadro estrutural do sistema LTE FDD (12 * 15 KHz) no espaço de frequências. O elemento de recurso (RE) representa a portadora secundária (subportadora), com um símbolo no espaço temporal e o RE onde o tempo contém dados RE incorporados ou um sinal de referência de origem. Quando se utiliza o prefixo cíclico normal, o RB contém 84 dos REs (12 subportadoras * 7 símbolos), enquanto que quando se utiliza o prefixo cíclico alargado, um RB contém 72 REs. A Figura 2.3 mostra a distribuição de RBs e REs [11]. Uma das vantagens da utilização de ERs é o endereçamento das antenas nos transmissores e receptores. A Figura 2.4 mostra o mapeamento dos sinais de referência por RE.

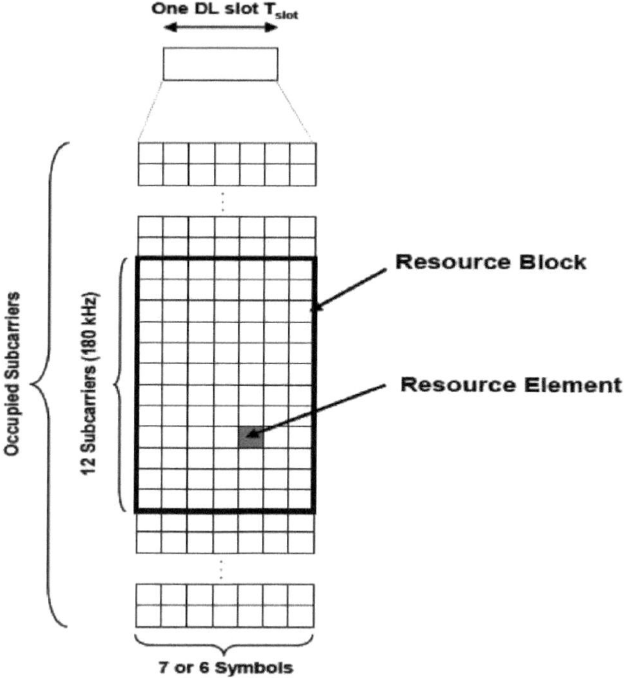

Figura 2.3: Grelha de recursos [7]

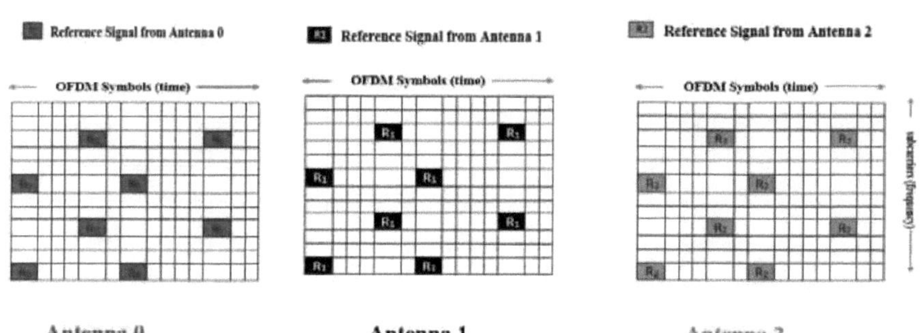

Figura 2.4: Mapeamento do elemento de recurso dos sinais de referência.

O número de RBs depende do ecrã específico de um sistema de largura de banda; este pode variar entre seis RBs para uma frequência de 1,4 MHz e 100 RBs para uma frequência de 20 MHz, como mostra a Tabela 2:1. A figura 2.5 mostra os RB distribuídos pelos utilizadores na ligação descendente a partir do programador, que determina o número de RB para cada utilizador de acordo com a procura e o algoritmo de distribuição dos utilizadores no espaço de frequência e no espaço temporal. A forma como os RBs do escalonador usam o uplink é apenas ligeiramente diferente do downlink, com a exceção de que os RBs estão na arena e contíguos de acordo com o uplink da tecnologia de comunicação SC-FDMA (como mostrado na Figura 2.5) [12].

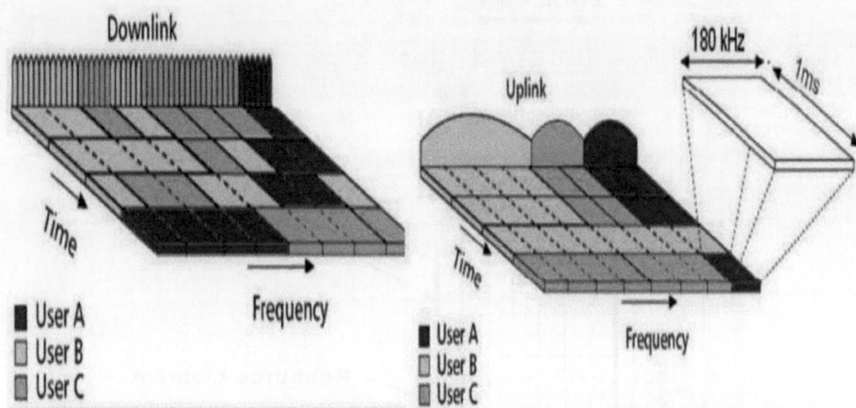

Figura 2.5: Distribuição de RBs de ligação descendente e ascendente entre diferentes utilizadores [12]

Tabela 2:1: Principais elementos em LTE-OFDM [12]

Especificação	Valores					
Largura de banda	1.4 MHz	3 MHz	5 MHz	10 MHz	15 MHz	20 MHz
Duração do fotograma	10 ms					
Espaçamento entre subportadoras	15 KHz					
Taxa de amostragem (MHz)	1.92	3.84	7.68	15.36	23.04	30.72
Subportadoras de data	72	180	300	600	900	1200
Símbolos por slot	PC normal =7			PC alargado = 6		
Comprimento do prefixo cíclico	PC normal =4,69/5,12 |is			CP alargado =16,67 |is		

Número de blocos de recursos (RB)	6	15	25	50	75	100

2.4 *Técnica de melhoramento LTE*

As técnicas que serão discutidas na Figura 2.6 são uma tecnologia multi-antena para minimizar a interferência entre símbolos e técnicas tecnológicas díspares, que melhoram significativamente o desempenho do LTE em termos de capacidade e cobertura.

2.4.1 *Múltiplas entradas e saídas (MIMO)*

Tal como o nome indica, o MIMO consiste na utilização de várias antenas no transmissor e no recetor no sistema LTE e é utilizado para melhorar a eficiência e a cobertura do espetro, bem como a taxa de dados de pico da rede. O principal objetivo da utilização do MIMO é melhorar a qualidade com base na taxa de erro de bits vs. débito, combinando os sinais, o que será investigado neste estudo. A primeira versão do sistema LTE standard suportava um máximo de quatro antenas no emissor e no recetor, enquanto a versão mais recente da norma LTE-advanced suporta a utilização de oito antenas no emissor e no recetor, atingindo assim os objectivos das International Mobile Telecommunications-Advanced (IMT-A), metas da 4th geração [4], [12]. Um dos principais objectivos do MIMO é resolver o principal efeito da propagação multipercurso que ocorre nos canais. Além disso, são utilizados desvanecimento aleatório, correlação e elementos de antena decorativos[13]. A Figura 2.6 mostra a tecnologia MIMO multi-estilo.

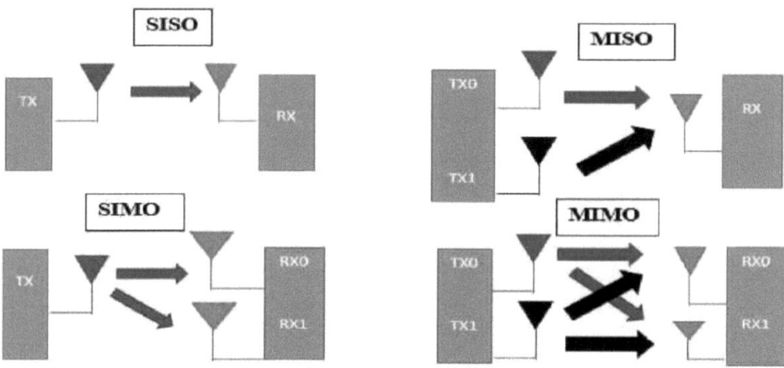

Figura 2.6: Multi-estilo na tecnologia MIMO.

2.4.2 *Diversidade de transmissão e receção*

A diversidade pode ser utilizada na tecnologia de antenas múltiplas quer enviando o mesmo sinal através de várias antenas no lado do transmissor, o que é conhecido como diversidade do transmissor (TxD), quer utilizando várias antenas no lado do recetor para receber o sinal, o que é conhecido como diversidade do recetor (RxD). A separação entre as antenas no espaço reduz a probabilidade de um grande desvanecimento da receção do sinal através da utilização de dois métodos: combinação de rácio máximo (MRC) no lado do recetor (RxD) e codificação de blocos de frequência espacial (SFBC) no lado do transmissor (TxD). Foi encontrada uma correlação positiva entre TxD e RxD e este método melhora a SNR para os utilizadores da periferia da célula. No LTE, o sistema da estação de base do eNodeB controla várias antenas em função das condições do canal, decidindo o eNodeB qual a técnica a utilizar para a transmissão [3], [14].

2.5 *Modelo de canais de LTE*

O efeito do canal e a transmissão da informação são formados no domínio do tempo. O sinal recebido é adquirido como uma mistura linear das amostras transmitidas filtradas mais o canal de ruído branco gaussiano aditivo (AWGN).

A Recomendação Técnica (TR) 36.104 do 3GPP [3] detalha três modelos distintos de canais de desvanecimento multipercurso. O primeiro, o Extended Pedestrian A (EPA), desconsidera o deslocamento de fase Doppler apresentado pelo canal, mas este modelo acaba por estar ligado à apresentação da relação espacial entre as antenas de um sistema MIMO.

A Tabela 2:2 ilustra o perfil de atraso do canal expresso com valores de atraso de derivação em excesso mais potência relativa. O segundo e o terceiro são, respetivamente, Extended Vehicular A (EVA) e Extended Typical Urban (ETU), que podem avaliar o desempenho do sistema de comunicação ao nível da ligação num trabalho realista. Um modelo de canal de desvanecimento multipercurso é identificado pela coleção de perfis de atraso e por uma frequência Doppler máxima. Os perfis de atraso destes modelos de canal são divididos em três níveis: ambientes de espalhamento de atraso baixo, médio e alto, respetivamente, e são utilizados valores de 5, 70 ou 300 Hz como o desvio máximo do efeito Doppler [3], [5].

Tabela 2:2: Modelos de canal LTE (EPA, EVA, ETU): perfis de atraso [3]

Modelo de canal	Atraso de derivação excessivo (ns)	Potência relativa (dB)
Pedestre alargado A(EPA)	[0, 30, 70, 90, 110, 190, 410]	[0, -1, -2, -3, -8, -17.2, -20.8]
Veículo alargado A(EVA)	[0, 30, 150, 310, 370, 710, 1090, 1730, 2510]	[0, -1.5, -1.4, -3.6, -0.6, -9.1 ,-7, -12, -16.9]
Urbano Típico Alargado (ETU)	[0, 50, 120, 200, 230, 500, 1600, 2300, 5000]	[-1, -1, -1,0,0,0, -3 ,-5, -7]

2.6 *Análise de desempenho LTE*

As estruturas do LTE incluem MIMO, codificação e programação de canais. A análise do desempenho neste documento limita-se às configurações de ligação descendente de entrada única e saída única (SISO) e 2 x 2 MIMO, com ênfase na síntese do impacto das diferentes caraterísticas da LTE no desempenho. No entanto, foram desenvolvidas algumas caraterísticas da LTE, por exemplo, a codificação do canal e o rate matching, bem como o MIMO 4 x 4. A Figura 2.8 mostra o ganho de codificação para modulações 16-QAM e 64- QAM via codificação turbo [15]. Neste artigo, o autor utilizou um método fiável para aumentar a taxa de transferência e a taxa de bits através da multiplexagem espacial, que é semelhante à utilização de um codificador turbo no transmissor neste projeto de investigação. A simulação não foi utilizada em todos os canais, mas apenas no canal de desvanecimento, uma desvantagem que será compensada nesta investigação utilizando a simulação para testar diferentes canais (AWGN, canal de desvanecimento e canal multipercurso).

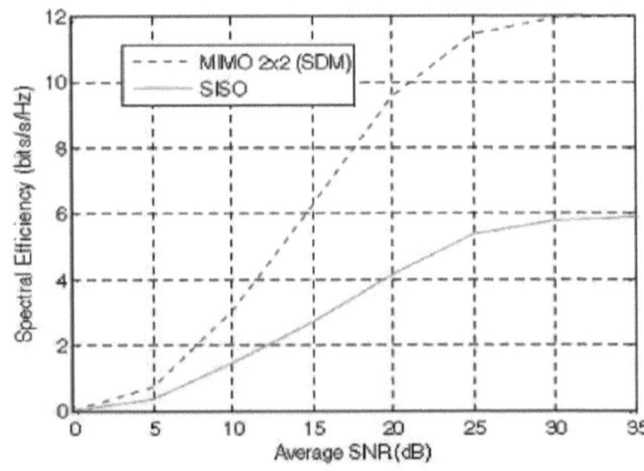

Figura 2.7: Eficiência espetral para SISO, MIMO, 2 x 2 com mapeamento de multiplexagem por divisão espacial [15].

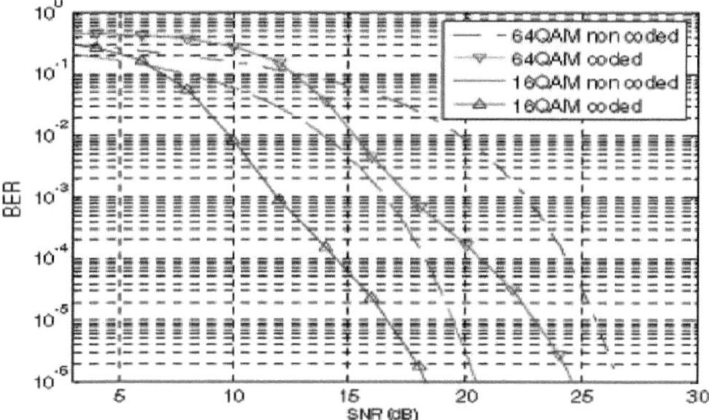

Figura 2.8: Resultados da BER sem codificação para 16-QAM e 64-QAM [15].

O desempenho do LTE baseado na versão 8 da norma 3GPP foi investigado [16]. A vantagem deste estudo é o facto de ter utilizado transmissões em diferentes esquemas de diversidade de antenas para medir o débito em diferentes condições e cenários, mas uma crítica é o facto de não mencionar que tipos de diversidade de transmissão são utilizados. O aumento do número de antenas não aumenta o throughput, mas torna o enlace mais robusto [3]. A segunda limitação deste trabalho é o facto de a simulação ter sido aplicada apenas ao canal AWGN, pelo que não pode ser considerada representativa. No entanto, o presente estudo irá colmatar esta lacuna através da análise de diferentes modelos de canal (AWGN, Rician e Rayleigh) que se relacionam com aplicações realistas.

Em [17], é introduzido o 4G com um sistema LTE nos níveis de uplink, que incorpora o eNodeB e os componentes da rede de camadas. Além disso, este trabalho apresenta a execução da conexão da camada física deste modelo pré-comercial, além de correlações com a simulação. Além disso, descobre a execução da representação do canal partilhado e do canal de controlo no laboratório. Além disso, apresenta um levantamento das capacidades de modulação e codificação do uplink em LTE. A partir dos resultados da análise deste trabalho, este investigador pode tirar as seguintes conclusões. A primeira análise é a calibração em laboratório para o uplink, sendo que o valor da SNR utilizando o equipamento calibrado apresenta uma variação de 0,1 dB em relação às simulações medidas. Quando a simulação efectua vários testes no laboratório repetido, o resultado do laboratório é de 0,15 dB. O segundo desempenho do PUSCH é o valor do esquema de certificação de microgeração (MCS0 que é constante com ou sem pedido de repetição automática híbrida (HARQ), e o resultado é muito próximo com um conjunto de MCSs. Além disso, o espaço de eficiência espetral, o número de blocos de recursos utilizados e o débito são representados em MCSs. O terceiro desempenho do PUSCH é o resultado de laboratório do desempenho do PUSCH, que demonstra uma boa correspondência com a simulação. Os resultados da Modulação e Codificação Adaptativas AMC podem ser encontrados alterando a carga de tráfego oferecida e mantendo a SNR fixa.

[18] propõe um sistema geral para o desenvolvimento de um código de bloco espaço-temporal (STBC) com medições de código aleatórias, mais slots de tempo aumentados. Com a estratégia de desenvolvimento de código proposta, podem ser adquiridas três faixas horárias de uma taxa de transmissão STBC de duas antenas com código completo e superior. A taxa máxima de três intervalos de tempo STBC pode atingir a diversidade máxima. Serve de chave para o código vagabundo (três espaços temporais) e alude a uma questão diferente abordada no 3GPP relativamente à estrutura das diretrizes de ligação ascendente LTE. Isto permite um melhor desempenho e melhora a codificação, bem como o plano de modulação das decisões no esboço da estrutura LTE do 3GPP. Os resultados deste estudo indicam que o STBC melhora o desempenho do sistema específico do sistema LTE. Tal como no artigo anterior, o presente estudo do STBC no sistema será simulado para melhorar o desempenho de BER vs. SNR e a

taxa de transferência.
Neste trabalho [19], investiga-se a simulação da camada física de downlink LTE. O método deste trabalho simula a camada física LTE com canal AWGN usando a técnica MIMO usando MATLAB. Além disso, investigou-se o desempenho da camada física LTE com modo de diversidade com diferentes esquemas de modulação (QPSK, 16-QAM e 64-QAM) usando MIMO 2 x2 e MIMO 4 x 4. Curiosamente, o desempenho da camada física LTE foi observado com QPSK melhor do que 16-QAM e 64-QAM respetivamente com ambas as diversidades (MIMO 2 x 2, MIMO 4x 4) se comparado com o BER.Uma limitação deste estudo é que investigar apenas com canal AWGN. Além disso, não menciona quais os parâmetros que está a utilizar nesta simulação, tais como a largura de banda; prefixo cíclico, etc. A limitação mais importante reside no facto de o desempenho do MIMO com 2 x 2 ser melhor do que o do MIMO 4x4 com diferentes esquemas de modulação, como mostra a Figura 2.9. Uma das vantagens do MIMO e da diversidade é que, se aumentarmos a diversidade, o desempenho do sistema deverá melhorar.
Este estudo foi uma investigação da camada física do LTE com diferentes canais (AWGN, Rician e Rayleigh) e modulações (QPSK, 16-QAM, 64-QAM) utilizando o MATLAB Simulink

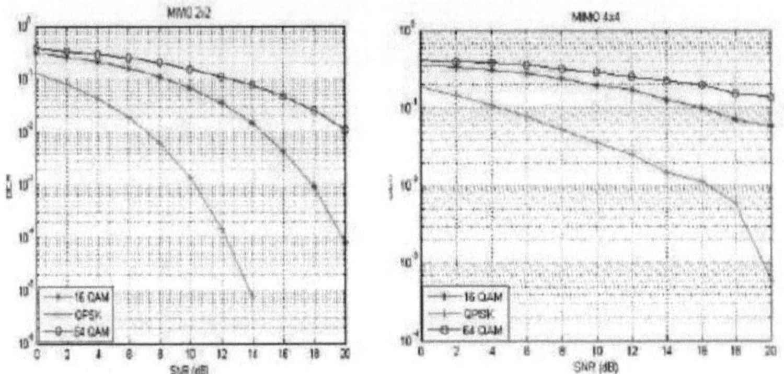

Figura 2.9: Desempenho SNR vs BER do MIMO (2x2 ,4 x 4) com diferentes modulações [19]

Neste trabalho [20], foi determinada a articulação de estruturas próximas da BER para sistemas LTE e LTE-Advanced (LTE-A) multi-cliente. A capacidade utiliza a função momento de geração (MGF) e a metodologia pairwise error likelihood, tendo em conta as inferências destas expressões BER. A aprovação dos resultados hipotéticos utiliza os resultados de simulações de BER para diversos clientes. Os resultados são traçados com base num grande número de elementos, por exemplo, o aparelho multiponto coordenado (CoMP), as administrações de multicast de media show (MBMS) e a parte da velocidade de transferência nos sistemas LTE e LTE-A. A conclusão mais óbvia a emergir deste estudo é que o desempenho do LTE-A é mais suficiente do que o do LTE quando o número de utilizadores é aumentado utilizando o sistema MIMO, o que pode ser observado pelo desempenho do BER vs. SNR. O principal ponto fraco deste estudo foi a escassez de testes de sistemas (LTE-A e LTE) com M-QAM e diferentes deslocamentos Doppler. Além disso, os valores usados na simulação não foram realistas, como o número de subportadoras de dados, o tamanho da FFT e o prefixo cíclico.
Em [21], o artigo aborda a utilização de dados de tom piloto para distinguir transmissões dinâmicas de sistemas sem fio LTE. O LTE utiliza OFDM na fabricação de sua camada física e, de acordo com os detalhes padrão do LTE, envia sinais contendo dados sobre o conjunto de testes em subportadoras particulares para serem utilizados para sincronização e estimação de canal. Estes dados podem também ser usados no tom piloto para o reconhecimento da vizinhança de sinais LTE dinâmicos utilizando uma abordagem de relação cruzada. A estratégia introduzida neste trabalho utiliza o método de correlação cruzada de símbolos no domínio do tempo (TDSC), tendo como vantagem a forma como a ligação agregada de símbolos evidentes com as mesmas posições de tom piloto é estabelecida enquanto se altera a diferença, permitindo que seja utilizada para distinguir as transmissões de LTE em situações com SNRs baixos. A utilização da técnica TDSC no sistema LTE é apresentada de forma sistemática e mostra resultados numéricos obtidos a partir de simulações que incorporam modelos de canal AWGN, Rician e

Rayleigh, resumidos na norma LTE obtidos a partir de simulações baseadas em MATLAB.
Os resultados da simulação indicam um excelente desempenho a baixa SNR em situações de canal AWGN, Rayleigh e Rician. O canal AWGN é o mais bem sucedido, uma vez que apresenta a menor probabilidade de deteção incorrecta para ambas as proporções de prefixo cíclico consideradas (1 = 4 e 1 = 8). Além disso, a probabilidade de deteção incorrecta é muito aproximada pela expressão hipotética (12) para todas as situações e valores de SNR inferiores a -10 dB.
[22] Este artigo concentra-se na execução do downlink LTE na camada física. As funcionalidades do transmissor são reconhecidas a partir da codificação turbo e OFDM. Do lado do recetor, foram criadas funcionalidades de interpretação turbo e de descodificação OFDM.
Foram consideradas as diretrizes de execução e a utilização de uma série de situações distintas, por exemplo, SNR diversa, planos de ajustamento diferentes e um número distinto de bits transmitidos.
Este estudo demonstra que a quantidade de bordos transmitidos aumenta progressivamente com o tempo e que as qualidades adquiridas a partir da BER são geralmente inferiores, independentemente das estimativas mais notáveis da SNR, o que não dá as qualidades subsequentes aceitáveis a partir da BER. A partir da gama OFDM, pode observar-se que não há alterações dignas de nota na gama de recorrência, o que sugere que o método OFDM é valioso principalmente num ambiente de desvanecimento multipercurso. Um trabalho futuro crítico é a utilização de um sistema de controlo de erros e de fluxo, tendo em conta que o objetivo final é acrescentar uma correspondência de downlink mais proficiente no interior de uma célula com numerosos equipamentos clientes, onde o HARQ pode ser incorporado como um instrumento de controlo de erros e de fluxo e uma estação de base. É essencial a investigação dos resultados com diferentes intercalações, tais como intercalação por partes ou intercalação pseudo-irregular e codificador de convolução com taxa de código 1/3.
Este estudo [23] apresenta uma investigação de longo alcance de dois esquemas de retransmissão interconectados astutos para sistemas LTE-avançados que funcionam em canais com desvanecimento generalizado-K e Nakagami-m somados. Os resultados da taxa média de erro de símbolo para a retransmissão convencional (OR) e a retransmissão incremental de pedido de repetição automática híbrida oportunista (OHIR) foram actualizados e comparados. Os investigadores investigaram a taxa de erro de imagem normal para os sistemas LTE-advanced OR e OHIR habituais com o canal de rádio apresentado como canais de desvanecimento K somados compostos (incorporando desvanecimento e sombreamento) e canais de desvanecimento Nakagami-m. Foi igualmente examinada a probabilidade de funcionamento das RUP nestes canais. Tanto o exame hipotético como a simulação permitiram constatar que, para os sistemas LTE-avançados OR normais que funcionam sobre canais compostos de desvanecimento K generalizado, um pedido de diferença de k(N + 1) é realizado quando o sombreamento é mais extremo do que o desvanecimento, e um pedido de qualidades diferentes de m(N + 1) é realizado quando o desvanecimento é mais grave do que o sombreamento (em que k e m destacam os parâmetros do perfil de distribuição K generalizado e N representa a quantidade de retransmissores candidatos para a recolha OR). Os resultados da simulação confirmam a exatidão das expressões expositivas simuladas neste estudo. A partir da investigação hipotética e da simulação de uma natureza de administração comparável, para a RUP, o OHIR não diminui a medida dos activos de rádio necessários e mantém a diversidade total da estrutura.

2.7 Estudo de simulação anterior da camada física LTE

O desempenho da camada física LTE é analisado para reduzir o efeito da perda de bits e de pacotes nos canais Rayleigh e Rician. Além disso, a redução do desvanecimento nos canais Rayleigh e Rician é importante quando se recebem e transmitem dados na direção de ligação descendente e ascendente de um canal específico, como o canal AWGN. A Tabela 2:3 mostra uma comparação entre o canal AWGN e os canais Rayleigh e Rician [10].

Tabela 2:3: BER nos canais AWGN, Rayleigh e Rician no esquema 64-QAM [10]

Canal	Número total de bits	Perda de bits	Perda de pacotes
AWGN	12672	0	0
Rayleigh	12672	6149	0.4852
Riciano	12672	3907	0.308

[24] investiga a avaliação do desempenho do downlink LTE com um sistema OFDM sob parâmetros LTE. O destaque deste estudo é um teste que simula o canal ITU Pedestrian-B e Vehicular-A com diferentes deslocamentos Doppler. Uma descoberta interessante diz respeito ao desempenho de diferentes

esquemas de modulação (16-QPSK, 16-QAM e 64- QAM) com o canal Rayleigh, como mostra a Figura 2.10. Além disso, os resultados deste estudo indicam o desempenho do canal Veículo-A com 16 QAM com diferentes deslocamentos Doppler. No entanto, a diferença observada entre 60 Km/h e 300 Km/h neste estudo não foi significativa. A maior limitação deste estudo foi o facto de terem sido utilizados dois prefixos cíclicos, mas o autor não menciona qual deles foi utilizado. É lamentável que o estudo não tenha incluído um sistema MIMO, que é mais exato quando se investiga a camada física de downlink do LTE. O sistema MIMO é também mais realista quando se investiga a camada física LTE de downlink, porque o valor do prefixo cíclico afecta o desempenho do sistema. Esta tese visa preencher estas lacunas, como o sistema MIMO e as investigações com diferentes canais, mencionadas nas secções 2.4.1 e 2.5 deste capítulo.

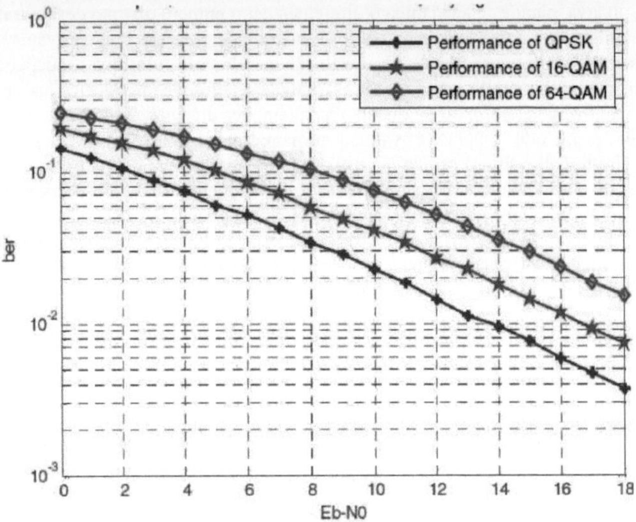

Figura 2.10: Desempenho do canal de Rayleigh com diferentes esquemas de modulação [24]

A simulação a nível do sistema mostra uma camada física específica a nível da ligação no sistema LTE. Se for utilizada corretamente, pode observar e atingir o objetivo do sistema LTE através da utilização de FD-MIMO (full dimension multiple-input, multiple-output) em eNodeBs que utilizam antenas múltiplas de grandes dimensões. Como resultado, isto melhora o rendimento com a UE e a diversidade do transmissor [25].

Este trabalho [26] investiga o desempenho da camada física do sistema LTE baseado nas versões 8 e 9 do LTE no downlink e no uplink. O ponto principal deste estudo foi uma investigação da camada física do LTE com diferentes canais (AWGN, Rician e

Este trabalho pode ser criticado por não medir o valor realista relacionado com a largura de banda LTE; por exemplo, o autor começa com uma largura de banda de 1,2 MHz, que não é a norma, e com a frequência máxima do desvio de fase Doppler. O segundo ponto fraco deste trabalho é o facto de o Simulink ter sido executado apenas durante 10 ms, o que significa que o resultado não é realista. A Tabela 2:4 mostra os parâmetros utilizados no Simulink neste trabalho.

Tabela 2:4: Parâmetro do sistema [26]

Modelos de canais	AWGN, Rayleigh, Rician
Tamanho da FFT	1024
Tipo de janela	Hann
Deslocamento de fase máximo da frequência Doppler	35Hz

Esquema de modulação	4-QAM,16-QAM,64-QAM
Tempo de simulação	10ms

Este estudo[27] simula o desempenho da ligação descendente LTE com diferentes canais (EVA e EPA), centrando-se na avaliação da estimativa de canal específica de baixa complexidade de Wiener (Wlc). A Figura 2.11 mostra o desempenho da taxa de transferência da ligação descendente LTE com diferentes modulações (QPSK 1/3, 16 QAM 1/2 e 64 QAM 3/4) no canal EVA. O âmbito deste estudo foi limitado em termos do número de antenas no transmissor e dos valores do desvio Doppler. Para além disso, não foi considerada uma taxa de código elevada na análise do desempenho.

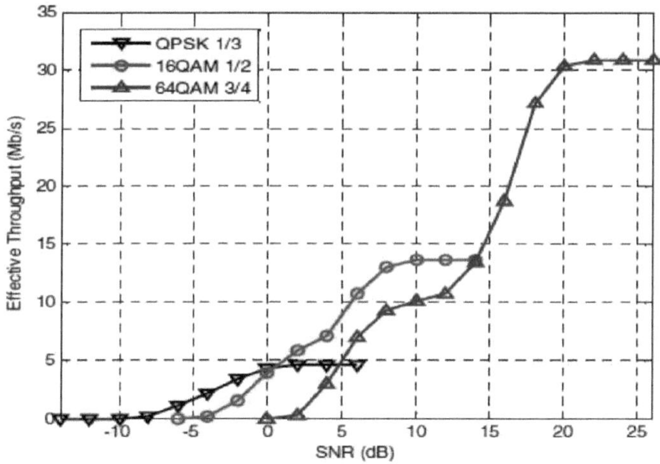

Figura 2.11: Débito da ligação descendente LTE em diferentes modulações com deslocação do Doppler de 5 Hz [27]

2.8 *Resumo*

Estes estudos têm conclusões importantes: a primeira é a compreensão de como simular o nível de ligação da camada física (ligação ascendente e descendente). A segunda é que muitos investigadores apenas examinaram medições teóricas. A generalização destes resultados está sujeita a certas limitações. Por exemplo, os investigadores apenas efectuaram simulações com um canal AWGN ou testaram um valor de mobilidade (diferentes deslocamentos Doppler), que são limitações encontradas nestes estudos. Por conseguinte, esta tese procurará obter os dados e os métodos a utilizar. Além disso, os métodos utilizados para encontrar os dados serão testados em diferentes cenários, como se verá no próximo capítulo.

Capítulo 3

3 Metodologia

3.1 Introdução

Este capítulo aborda a conceção dos sistemas LTE, os resultados da simulação e os testes de avaliação desses sistemas. São também analisados os resultados destes sistemas nos três tipos de canais. Foram investigados os efeitos de vários parâmetros dos canais sem fios nos sistemas. Estes sistemas LTE foram modelados utilizando o MATLAB 2015a para permitir a variação e o teste de vários parâmetros do sistema. A razão para utilizar essa simulação é medir o desempenho do LTE em diferentes condições de canal (AWGN, Rician, Rayleigh, Extended Pedestrian A [EPA], Extended Vehicular A [EVA], Extended Typical Urban [ETU]), bem como utilizando diferentes modulações (QPSK, 16-QAM, 64- QAM). Este capítulo fornece também as técnicas padrão para resolver vários problemas de conceção, bem como a forma de combinar eficientemente estas técnicas para obter um melhor desempenho com um sistema OFDM na camada física LTE. As simulações foram feitas com diferentes cenários e diferentes parâmetros, dependendo do objetivo principal deste estudo (ver Capítulo 1). A Figura 3.1 mostra um diagrama de blocos do transcetor LTE (2Tx x 2Rx).

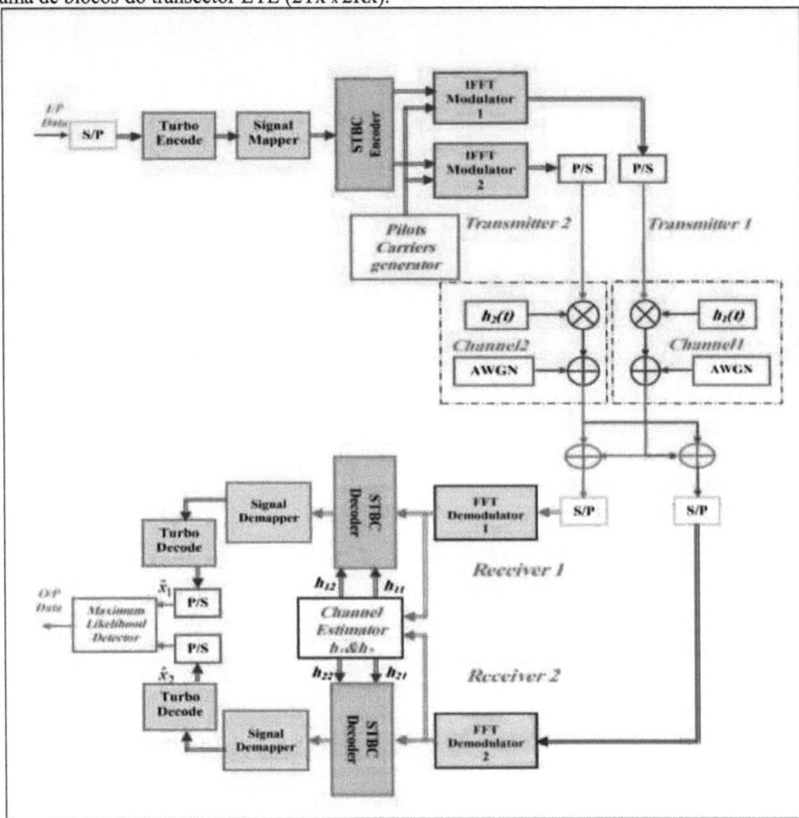

Figura 3.1: Diagrama de blocos do transcetor LTE (2Tx x 2Rx) (figura do autor)

3.2 Simulação de cenários para a camada física LTE

3.2.1 Cenário de desempenho LTE em modelos de canal

Nesta simulação, os modelos são divididos em duas partes: a primeira com QPSK e a segunda com 16-QAM e 64 QAM.

3.2.1.1 *Cenário de Desempenho LTE no Canal AWGN com Diferentes Modulações*

O primeiro cenário investiga o desempenho da BER em função dos modelos de canal para diferentes modulações. Muitas simulações foram testadas neste tipo, mas o primeiro esquema de modulação é um trabalho realista utilizado na camada física do LTE com diferentes modulações em canais AWGN. A avaliação da BER para o canal AWGN foi efectuada com QPSK, 16-QAM e 64-QAM. Este cenário adoptou dois transmissores e dois receptores com uma mensagem de entrada codificada utilizando um código de bloco espaço-temporal ortogonal (OSTBC), que deve ser utilizado com o sistema de técnica MIMO para aumentar as taxas de dados globais e aumentar a fiabilidade do nível de ligação entre o emissor e o recetor. A Tabela 3:1 explica os parâmetros que estão envolvidos no primeiro cenário.

Tabela 3:1: Parâmetros de simulação do desempenho do LTE em modelos de canal com QPSK

NÃO.	Parâmetros	Observações
1.	Tipo de modulação	QPSK ,16QAM,64QAM
2.	Largura de banda do canal	10 MHz
3.	Bloco de recursos (RBs)	50
4.	Comprimento da FFT	1024
5.	Modo Duplex	FDD
6.	Taxa de amostragem [MHz]	15.36
7.	Codificação de canais	Codificação turbo, R=1/3
8.	N.º de Subtransportador	360
9.	Período de enquadramento	10 ms
10.	Máximo. Doppler	30 Hz
11.	Prefixo cíclico	Normal
12.	Número de bits	1e7
13.	N.º de antena Tx	2
14.	N.º de antena Rx	2
15.	Canais	AWGN

16.	Tipo de canal	Canal MIMO
17.	Espaçamento entre subportadoras	15KHz

3.2.1.2 *Cenário de Desempenho LTE no Canal Riciano com Diferentes Modulações*

Os esquemas de modulação devem atingir uma BER baixa quando o canal de desvanecimento, o espalhamento Doppler e o AWGN também estão disponíveis; a motivação para utilizar muitas modulações diferentes específicas no sistema LTE é suportar uma elevada taxa de dados dentro de uma largura de banda de transmissão oferecida. Neste cenário, foi inspeccionado o desempenho do LTE para o canal Rician utilizando diferentes modulações. A modulação 16-QAM é usada para enviar quatro bits dentro de um símbolo, o que significa que quando qualquer símbolo é perdido, quatro bits serão perdidos, assim como haverá um aumento com 64-QAM. Os resultados esperados para encontrar o canal de desvanecimento Rician com 16-QAM foram melhores do que com 64-QAM, nomeadamente o valor BER vs. SNR. A Tabela 3:2 mostra os parâmetros utilizados neste cenário.

Tabela 3:2: Parâmetros de simulação do desempenho do LTE em modelos de canal com 16-QAM e 64- QAM

NÃO.	Parâmetros	Observações
1.	Tipo de modulação	16-QAM, 64QAM
2.	Largura de banda do canal	10 MHz
3.	Comprimento da FFT	1024
4.	Bloco de recursos (RBs)	50
5.	Modo Duplex	FDD
6.	Taxa de amostragem [MHz]	15.36
7.	Codificação de canais	Codificação turbo, R=1/3
8.	N.º de Subtransportador	360
9.	Período de enquadramento	10 ms
10.	Máximo. Doppler	30 Hz
11.	Prefixo cíclico	Normal
12.	Número de bits	1e4
13.	N.º de antena Tx	2
14.	N.º de antena Rx	2
15.	Canais	Riciano

16.	Tipo de canal	Canal MIMO
17.	Espaçamento entre subportadoras	15KHz

3.2.2 Cenário de desempenho do LTE por canal de desvanecimento multipercurso

Este cenário investiga o desempenho do LTE utilizando canais de desvanecimento seletivo multipercurso. O modelo que representa o canal de desvanecimento seletivo é a distribuição de Rayleigh. Este cenário foi dividido em três categorias. A primeira categoria é o EPA com diferentes esquemas de modulação (QPSK, 16-QAM, 64-QAM). A segunda é a EVA, também com modulação diferente. A última é a ETU com diferentes modulações. Através destes procedimentos, o efeito de um sinal multipercurso foi examinado em diferentes casos que são realisticamente aplicados com o sistema LTE [5]. Além disso, os valores do multicaminho para cada canal são fornecidos em cada sub-cenário.

3.2.2.1 *Cenário de desempenho LTE através do modelo de canal Extended Pedestrian A (EPA)*

Um dos canais realistas mostra o desempenho do LTE (BER vs. SNR) com EPA [5]. Este tipo de canal permite testar o desempenho do LTE com diferentes deslocamentos do Doppler em função da velocidade e com dois emissores e dois receptores (MIMO). A Tabela 3:3 mostra os parâmetros utilizados, enquanto a Tabela 3:4 mostra o atraso e a potência relativa por caminho para o modelo de canal EPA e os números de taps testados neste cenário.

Tabela 3:3: Parâmetros de simulação do desempenho LTE no canal EPA

NÃO.	Parâmetros	Observações
1.	Tipo de modulação	QPSK,16-QAM, 64- QAM
2.	Largura de banda do canal	10 MHz
3.	Comprimento da FFT	1024
4.	Bloco de recursos (RBs)	50
5.	Modo Duplex	FDD
6.	Taxa de amostragem [MHz]	15.36
7.	Codificação de canais	Codificação turbo, R=1/3
8.	N.º de Subtransportador	600
9.	Período de enquadramento	10 ms
10.	Máximo. Doppler	5 Hz
11.	Prefixo cíclico	Normal

12.	Número de bits	1e7
13.	N.º de antena Tx	2
14.	N.º de antena Rx	2
15.	Canal de desvanecimento	EPA
16.	Tipo de canal	Canal MIMO
17.	Espaçamento entre subportadoras	15KHz

Tabela 3:4: O Atraso e a Potência Relativa por Caminho para o Modelo de Canal EPA [5], [28]

NÃO. Torneira	Excesso de atraso de tap para EPA [ns]	Potência relativa [db]
1	0	**0.0**
2	30	**-1.0**
3	70	**-2.0**
4	90	**-3.0**
5	110	**-8.0**
6	190	**-17.2**
7	410	**-20.8**

3.2.2.2 *Cenário de desempenho LTE através do modelo de canal EVA (Extended Vehicular A)*

Para ambientes veiculares, o desempenho do LTE (BER vs. SNR) foi testado com o canal EVA. Este canal é realisticamente conveniente para o sistema LTE, em particular quando o recetor se desloca a diferentes velocidades e recebe sinais de multipercurso. Este canal assume os valores de deslocação Doppler que se dividem em três classes principais. A primeira classe, o desvio Doppler baixo, é de 5 Hz a uma velocidade de 2 km/h. A segunda, desvio Doppler médio, é de 70 Hz a uma velocidade de 30 km/h. O último é o desvio Doppler elevado a 300 Hz para EVA a uma velocidade de 120 km/h. Este cenário será examinado com diferentes esquemas de modulação (QPSK, 16-QAM, 64-QAM) e dois emissores e dois receptores. O modelo adotado neste cenário utiliza nove taps. A Tabela 3:6 mostra o atraso e a potência relativa por caminho para o modelo de canal EVA, enquanto a Tabela 3:5 mostra os parâmetros utilizados neste cenário.

Tabela 3:5: Parâmetros de simulação do desempenho LTE no EVA

1. NÃO.	Parâmetros	Observações
2.	Tipo de modulação	QPAK,16-QAM, 64QAM
3.	Largura de banda do canal	10 MHz
4.	Comprimento da FFT	1024

5.	Modo Duplex	FDD
6.	Taxa de amostragem [MHz]	15.36
7.	Codificação de canais	Codificação turbo, R=1/3
8.	N.º de Subtransportador	600
9.	Período de enquadramento	10 ms
10.	Máximo. Doppler	5 Hz,70 Hz,300 Hz
11.	Prefixo cíclico	Normal
12.	Número de bits	1e4
13.	N.º de antena Tx	2
14.	N.º de antena Rx	2
15.	Canal de desvanecimento	EVA
16.	Tipo de canal	Canal MIMO
17.	Espaçamento entre subportadoras	15KHz

Tabela 3:6: O Atraso e a Potência Relativa por Caminho para o Modelo de Canal EVA [28]

NÃO. Torneira	Atraso excessivo da torneira para EVA [ns]	Potência relativa [db]
1	0	0.0

2	30	-1.5
3	150	-1.4
4	310	-3.6
5	370	-0.6
6	710	-9.1
7	1090	-7.2
8	1730	-12.0
9	2510	-16.9

3.2.2.3 ***Cenário de desempenho LTE através do modelo de canal ETU (Extended Typical Urban)***

Para ambientes urbanos, este cenário testa o desempenho LTE de BER vs. SNR com o canal ETU. Este tipo de canal foi testado com diferentes deslocamentos de Doppler em função da velocidade. O valor da deslocação do Doppler é de 70 Hz a uma velocidade de 30 Km/h e de 300 Hz a uma velocidade de 120 Km/h. O número de taps testados foi de nove com diferentes spreads de atraso, como mostra a Tabela 3:8. A técnica MIMO é utilizada na simulação deste modelo (2Tx *2Rx). A Tabela 3:7 mostra os parâmetros utilizados neste modelo.

Tabela 3:7: Parâmetros de simulação do desempenho LTE no canal ETU

NÃO.	Parâmetros	Observações
1.	Tipo de modulação	QPAK,16-QAM, 64-QAM
2.	Largura de banda do canal	10 MHz
3.	Comprimento da FFT	1024
4.	Modo Duplex	FDD

5.	Taxa de amostragem [MHz]	15.36
6.	Codificação de canais	Codificação turbo, R=1/3
7.	N.º de Subtransportador	600
8.	Período de enquadramento	10 ms
9.	Máximo. Doppler	70HZ,300Hz
10.	Prefixo cíclico	Normal
11.	Número de bits	1e4
12.	N.º de antena Tx	2
13.	N.º de antena Rx	2
14.	Canal de desvanecimento	ETU
15.	Tipo de canal	Canal MIMO
16.	Espaçamento entre subportadoras	15KHz

Tabela 3:8: Atraso e potência relativa por caminho para o modelo de canal ETU [28]

NÃO. Torneira	Atraso de derivação excessivo para ETU [ns]	Potência relativa [db]
1	**0**	**-1.0**
2	**50**	**-1.0**
3	**120**	**-1.0**
4	**200**	**0.0**
5	**230**	**0.0**
6	**500**	**0.0**
7	**1600**	**-3.0**
8	**2300**	**-5.0**

9	5000	-7.0

3.2.3 Cenário de desempenho LTE por diversidade de transmissor e recetor

Uma técnica essencial utilizada com a norma LTE é a MIMO, que é considerada uma técnica para realizar o objetivo em termos de débito de dados, fiabilidade e melhoria da desempenho do sistema na comunicação ao nível da ligação. Uma das técnicas utilizadas no sistema MIMO é a diversidade do transmissor e do recetor, que melhora a BER e aumenta a SNR, nomeadamente no bordo da célula quando se utiliza STBC na comunicação ao nível da ligação. A Figura 3.2 mostra o sistema que será simulado, enquanto a Figura 3.3 mostra a estrutura da matriz da diversidade do transmissor e do recetor. Neste cenário, será analisado o efeito do desempenho BER do LTE sob o sistema MIMO usando diferentes modulações (QPSK, 16-QAM, 64-QAM). A Tabela 3:9 explica os parâmetros utilizados no cenário.

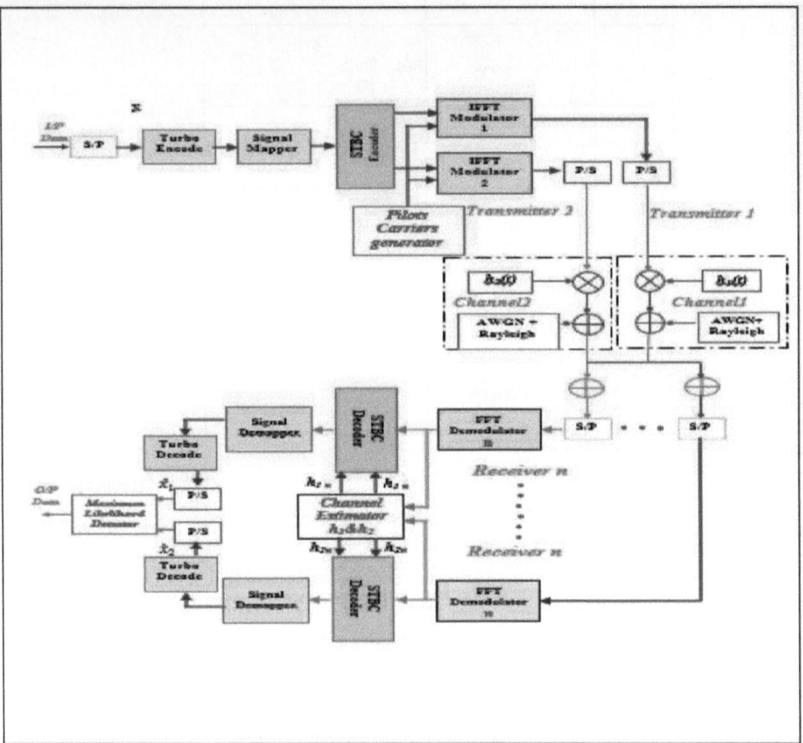

Figura 3.2 Diagrama de blocos do emissor-recetor LTE (2Tx x nRx) (figura do autor)

Tabela 3:9 Parâmetros de simulação deste cenário.

NÃO.	Parâmetros	Observações
1.	Tipo de modulação	QPSK,16QAM.64-QAM
2.	Largura de banda do canal	10 MHz

3.	Comprimento da FFT	1024
4.	Modo Duplex	FDD
5.	Taxa de amostragem [MHz]	15.36
6.	Codificação de canais	Codificação turbo, R=1/3
7.	EbNo	10
8.	N.º de Subtransportador	600
9.	Diversidade de antenas (MIMO), TxR	2x1, 2x2, 2x3, 2x4
10.	Período de enquadramento	10 ms
11.	Prefixo cíclico	Normal
12.	Número de bits	1e4
13.	Canal	EPA, EVA, ETU
14.	Tipo de canal	Canal MIMO
15.	Espaçamento entre subportadoras	15KHz

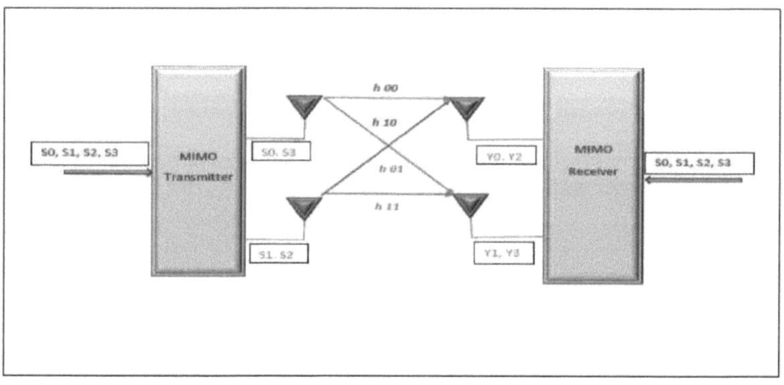

Figura 3.3 Sistema MIMO com diversidade de emissor e recetor (figura do próprio autor).

3.2.4 Cenário de desempenho LTE por sistema OFDM com diferentes prefixos cíclicos

A interferência inter-símbolos (ISI) e a interferência inter-portadoras (ICI) ocorrerão quando a variação do atraso ultrapassar o comprimento do prefixo cíclico (CP) de um sistema LTE-OFDM. Este modelo examina a BER em função da propagação do atraso do canal e do prefixo cíclico na norma da camada física LTE. Este cenário investiga o efeito do prefixo cíclico na BER quando o CP é pequeno; quando a BER aumenta, a propagação do atraso do canal também aumenta. Este cenário analisa este efeito com o sistema OFDM com diferentes prefixos cíclicos (CP normal e CP alargado) e diferentes modulações (QPSK, 16-QAM e 64-QAM) que dependem da norma do sistema LTE. A Tabela 3:10 explica os parâmetros utilizados neste modelo.

Tabela 3:10: Parâmetros de simulação utilizados neste cenário

NÃO.	Parâmetros	Observações
1.	Tipo de modulação	QPSK ,16-QAM,64-QAM
2.	Modo	OFDM
3.	Taxa de amostragem [MHz]	15.36
4.	Tamanho da FFT	1024
5.	N.º de Subtransportador	600
6.	Período de enquadramento	10 ms
7.	Máximo. Doppler	EPA(5 Hz),EVA(70Hz)
8.	Prefixo cíclico	Normal, Alargado
9.	Número de bits	1e4
10.	N.º de antena Tx	2
11.	N.º de antena Rx	2
12.	Canal	EPA,EVA

3.2.5 Cenário de desempenho LTE por mobilidade com diferentes modulações

Este cenário investiga o efeito do deslocamento máximo do Doppler (MDS) no desempenho da BER com diferentes modulações e diferentes canais. Nesta secção, a simulação do sistema standard STBC LTE planeado é considerada em diferentes modelos de canal e no canal de desvanecimento selecionado. Foi utilizada uma frequência portadora de 2,3 GHz para os sistemas LTE fixo e móvel com três valores de MDS (0 Hz com velocidade zero, 5 Hz com velocidade de 2 km/h, 70 Hz com velocidade de 30 km/h e 300 Hz com velocidade de 120 km/h). A Tabela 3:11 apresenta os parâmetros utilizados neste cenário.

Tabela 3:11: Parâmetros de simulação do desempenho LTE com mobilidade

NÃO.	Parâmetros	Observações
1.	Tipo de modulação	QPSK ,16-QAM,64-QAM
2.	Largura de banda do canal	10 MHz
3.	Comprimento da FFT	1024
4.	Modo Duplex	FDD
5.	Taxa de amostragem [MHz]	15.36
6.	Esquema de codificação	Codificação turbo, R=1/3
7.	N.º de Subtransportador	600
8.	Período de enquadramento	10 ms
9.	Máximo. Doppler	EPA [0Hz,5Hz] EVA [5Hz.70Hz,300Hz] ETU [5Hz.70Hz,300Hz]
10.	Prefixo cíclico	Normal
11.	Número de bits	1e7
12.	N.º de antena Tx	2
13.	N.º de antena Rx	2

14.	Canais	Rayleigh (EPA,EVA,ETU)
15.	Tipo de canal	Canal MIMO
16.	Espaçamento entre subportadoras	15KHz

3.2.6 Cenário de LTE Desempenho do débito utilizando diferentes modulações com diversidade

Este cenário analisa o débito vs. SNR com diferentes esquemas de modulação e com diferentes antenas e mostra dois parâmetros que afectam o débito da camada física LTE, a diversidade do transmissor e o esquema de modulação com SNR. A Tabela 3:12 mostra os parâmetros utilizados neste modelo e a Tabela 3:13 mostra os sinais físicos no sistema LTE.

Tabela 3:12: Parâmetros de simulação utilizados neste cenário.

NÃO.	Parâmetros	Observações
1.	Tipo de modulação	QPSK,16QAM,64-QAM
2.	Largura de banda do canal	10 MHz
3.	Comprimento da FFT	1024
4.	Modo Duplex	FDD
5.	Taxa de amostragem [MHz]	15.36
6.	Esquema de codificação	Codificação turbo, R=1/3
7.	EbNo	10
8.	N.º de Subtransportador	600
9.	Diversidade de antenas (MIMO), TxR	2x1, 2x2, 2x3

10.	Período de enquadramento	10 ms
11.	Máximo. Doppler	30 Hz
12.	Prefixo cíclico	Normal
13.	Número de bits	1e4
14.	Canal	EPA,EVA
15.	Tipo de canal	Canal MIMO
16.	Espaçamento entre subportadoras	15KHz

Tabela 3:13: Os sinais físicos no sistema LTE [5]

Sinais físicos (ligação descendente)	Detalhes
Sinal de referência (RS)	4 ERs por RB para uma antena
	8 REs por RB para duas antenas
	12 REs por RB para quatro antenas
Sinal de sincronização (SS)	Ocupar 72 subportadoras nos dois últimos símbolos nas faixas horárias 0 e 10
Canal de controlo (PDCCH)	1, 2 ou 3 primeiros símbolos por subquadro (4 símbolos para 1,4 MHz B.W)

Canal de difusão (PBCH)	Ocupar 72 subportadoras em quatro símbolos na faixa horária 1 (2ª faixa horária do subquadro)
	0) repetido a cada quatro quadros de rádio

3.3 *Resumo*

Este capítulo demonstrou a metodologia adoptada no presente estudo. Começa-se por utilizar o programa de simulação (MATLAB 2015a) como método de recolha de dados. Este procedimento de recolha de dados no presente estudo é representado pela conceção de sete cenários. Em cada cenário, a BER foi verificada através da utilização de canais específicos e diferentes com vários esquemas de modulação.

É de referir que outros investigadores adoptaram métodos irrealistas para a camada física LTE, enquanto a metodologia atual pode ser descrita como realista e prática. O canal Rayleigh foi dividido em três partições: EPA, EVA e ETU. O número de taps em cada canal foi diferente, com sete, nove e nove taps, respetivamente. Em função desta metodologia, os resultados serão obtidos por simulação, como será discutido no próximo capítulo (Resultados e Análise).

3.4 *Gráfico de Gantt*

Recorrendo à nova técnica do diagrama de Gantt (apresentado na Figura 3.4), é delineado o calendário deste trabalho. Este é explicado em termos de cinco fases. A primeira fase foi o planeamento e a finalização do projeto com o supervisor. A segunda fase do desenvolvimento da investigação introduziu as metas e os objectivos. A revisão da literatura foi efectuada na terceira fase. A quarta foi a escolha da metodologia a adotar para o presente estudo. Enquanto a fase final consiste numa tabela para o progresso da simulação, resultados, análise dos resultados e finalização do estudo, que inclui correcções e actualizações. A Tabela 3:14 mostra o progresso da investigação.

Quadro 3:14: Progresso da investigação

Tarefa	**1-15 de maio**	**15-30 de maio**	**1-15 de junho**	**15-30 de junho**	**1-30 de julho**	**1-30 de agosto**	**1-15 de setembro**
Simulação de LTE	Instrução de construção	Alterar o código em função dos objectivos					
Análise de resultados		Novos resultados	Análise de resultados	Análise de resultados	Redação da discussão dos resultados	Redação da discussão dos resultados	
Finalização							Conclusão e atualização do capítulo um

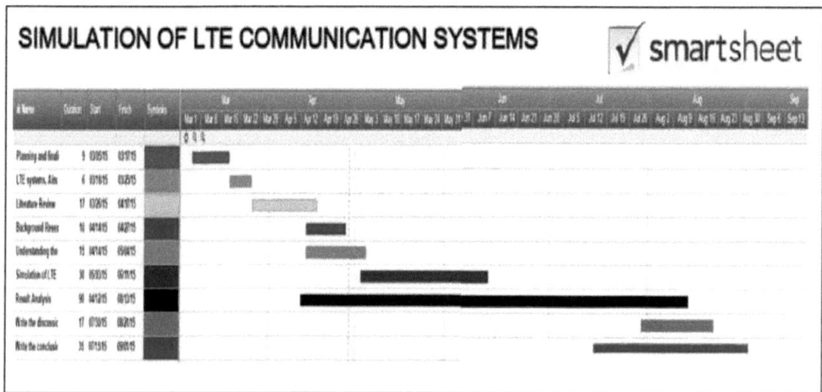

Figura 3.4: Gráfico de Gantt

Capítulo 4

4 Resultados e análise

4.1 Introdução

Neste capítulo, são apresentados e discutidos os resultados da simulação do LTE. Um dos desafios deste capítulo é mostrar o desempenho do LTE com BER vs. SNR e a taxa de transferência com diferentes esquemas de modulação (QPSK, 16-QAM e 64-QAM). Além disso, o desempenho do LTE com diferentes canais (AWGN, Rician e Rayleigh (EPA, EVA e ETU)) representa outro desafio. Os resultados das simulações são discutidos no contexto da metodologia adoptada (ver Capítulo 3). A Tabela 4:1 apresenta todos os parâmetros de simulação que foram utilizados para obter os resultados.

Tabela 4:1: resume os parâmetros de simulação

NÃO.	Parâmetros	Observações
1.	Tipo de modulação	QPSK ,16QAM,64- QAM
2.	Largura de banda do canal	10 MHz
3.	Número máximo de RBs	50
4.	Tamanho IDFT (Tx)/ DFT(Rx)	1024
5.	Modo Duplex	FDD
6.	Taxa de amostragem [MHz]	15.36
7.	Amostras por ranhura	7680
8.	Esquema de codificação	Codificação turbo, R=1/3
9.	Período de enquadramento	10 ms
10.	N.º de Subtransportador	600

11.	Diversidade de antenas (MIMO), TxR	2x1,2x2, 2x3, 2x4
12.	Período de enquadramento	10 ms
13.	Máximo. Doppler	30 Hz
14.	Prefixo cíclico	Normal (7) ^Extendido (6)
15.	Número de bits	1e4
16.	Canal	AWGN, Rician, Rayleigh (EAP, EVA, ETU)
17.	Tipo de canal	Canal MIMO
18.	Espaçamento entre subportadoras	15KHz

4.2 Desempenho do LTE com diferentes modulações usando o canal AWGN

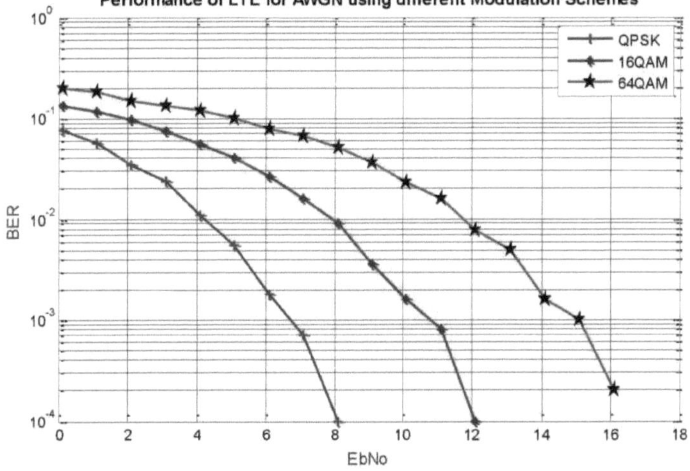

Figura 4.1: Desempenho do LTE para AWGN utilizando diferentes esquemas de modulação

De acordo com a Tabela 3:1 do capítulo 3, são utilizadas duas antenas no emissor e no recetor, nomeadamente Tx1, Tx2 e Rx1, Rx2. A Figura 4.1 acima ilustra o desempenho do LTE para o canal AWGN com diferentes esquemas de modulação. Em geral, as perdas de potência em dB aumentam quando o número de esquemas de modulação aumenta. A melhor modulação neste teste é o QPSK a 8 dB, com um BER de 10^{-4}, enquanto que o 16 QAM e o 64 QAM têm um BER de $2x10^{-2}$ e $8x10^{-1}$, respetivamente, com a mesma SNR. O ganho quando se utiliza QPSK é de 4dB a SNR 8 em comparação com 16QAM e 7 dB com 64QAM. A razão por detrás da suficiência do QPSK vem do facto de a distância entre os bits no diagrama de constelação ser maior em comparação com outra modulação, a Figura 4.2 apoia esta ideia.

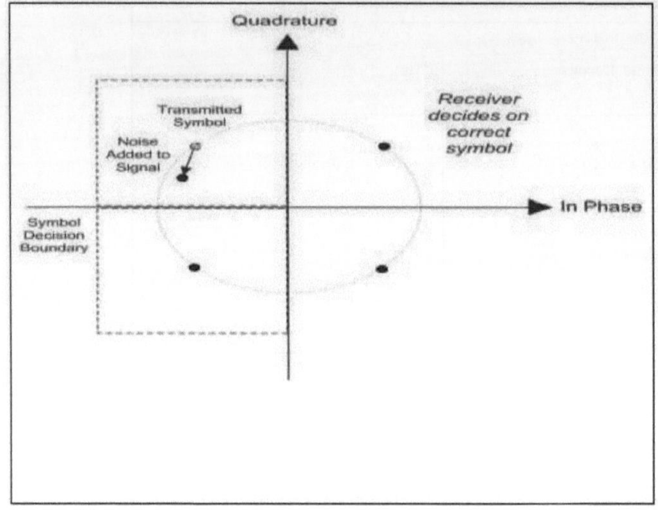

Figura 4.2: Diagrama de constelação para QPSK

4.3 Desempenho do LTE por 16-QAM, 64-QAM usando o canal Rician

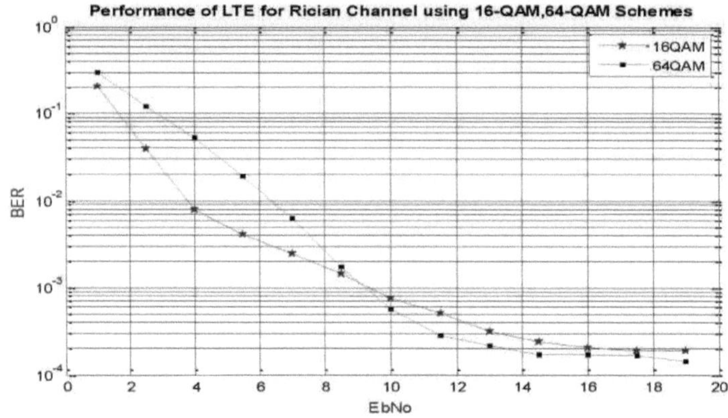

Figura 4.3: Desempenho do LTE para o canal Riciano utilizando os esquemas 16-QAM e 64-QAM

Neste estudo, a Figura 4.3 mostra que, no caso em que a SNR é inferior a 9 dB, o desempenho do LTE no canal Riciano no esquema 16 QAM é mais satisfatório do que no esquema 64-QAM. No entanto, se a SNR for superior a 9 dB, o desempenho neste canal com 64-QAM é mais satisfatório, uma vez que o aumento da SNR significa que o ruído diminui e a interferência inter-símbolos diminui. Além disso, o número de bits no 64-QAM (seis por símbolo) é maior do que no 16-QAM (quatro por símbolo); quando o ruído não afeta os símbolos, o desempenho será mais satisfatório. A Figura 4.4 mostra o Diagrama de

Constelação para 64-QAM.

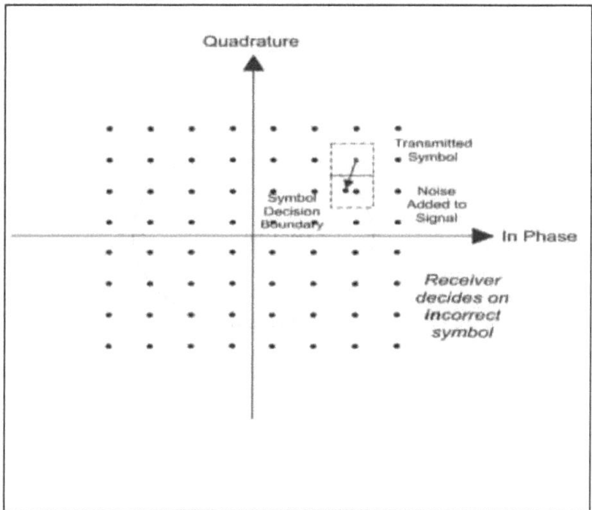

Figura 4.4 Diagrama de constelação para 64-QAM

4.3 Desempenho LTE através do modelo de canal Extended Pedestrian A (EPA)

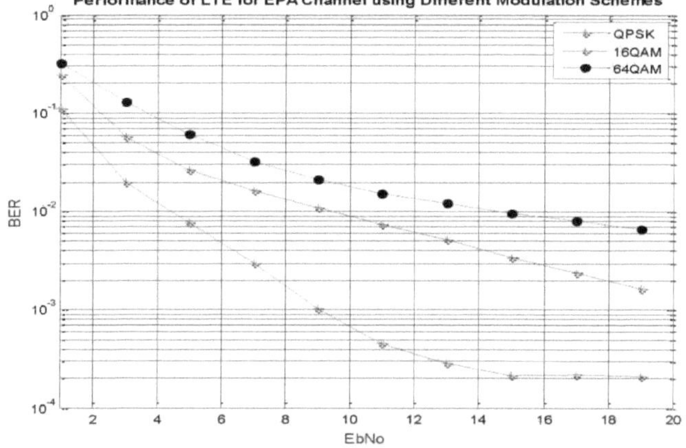

Figura 4.5 Desempenho do LTE para o canal EPA utilizando diferentes esquemas de modulação.

Duas antenas no transmissor e duas antenas no recetor estão suficientemente espaçadas, de modo que os canais entre diferentes pares de antenas de transmissão e receção são independentes. A Figura 4.5 mostra o desempenho do LTE para o canal EPA utilizando diferentes esquemas de modulação. Há duas constatações interessantes na Figura 4.5; a primeira constatação é que a BER em QPSK na SNR 19 dB é de 8×10^{-3}, enquanto a de 16-QAM e 64-QAM é de 9×10^{-2} e 4×10^{-2}, respetivamente, enquanto os ganhos de LTE-QPSK na SNR 11 em comparação com 16-QAM e 64-QAM são de 6 dB e 7 dB, respetivamente. A segunda conclusão é que o desempenho do 16-QAM melhora mais quando a SNR aumenta mais de 15 dB, enquanto o QPSK mantém o mesmo desempenho.

4.5 Desempenho LTE através do modelo de canal EVA (Extended Vehicular A)

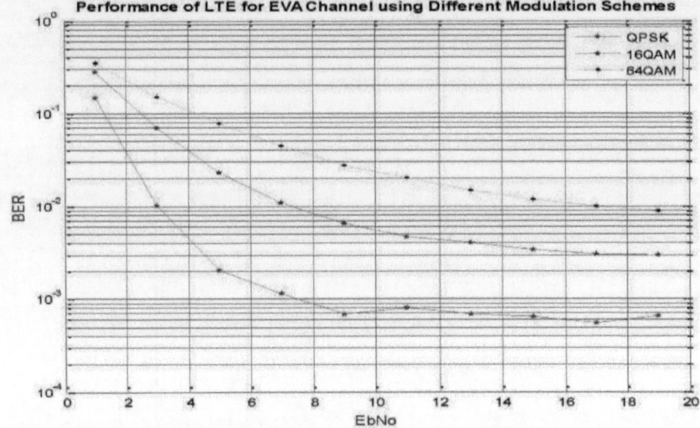

Figura 4.6 Desempenho do LTE para o canal EVA utilizando diferentes esquemas de modulação

De acordo com a Tabela 3:5, o desempenho do LTE para o canal EVA usando diferentes esquemas de modulação é mostrado na Figura 4.6. Os resultados deste estudo indicam que a BER em QPSK na SNR 9 dB é 4 x 10^{-3}, e na mesma SNR, a BER de 16-QAM e 64-QAM é 4 x 10^{-2} e 8x 10^{-1}, respetivamente. O mais interessante é o facto de o desempenho do QPSK após SNR 9dB manter aproximadamente o mesmo desempenho, o que beneficia o QPSK neste ambiente por não necessitar de um valor elevado de SNR, enquanto que se analisarmos a Figura 4.5, o comportamento do QPSK em EPA com a mesma SNR é diferente. Uma das limitações do QPSK é a sua incapacidade de enviar dados rapidamente devido ao facto de enviar apenas dois bits por símbolo. A segunda limitação é que quando se aumenta a SNR para mais de 9 dB, a BER continua a ter o mesmo desempenho: 4 x 10^{-3} . Por outro lado, o 16-QAM e o 64-QAM enviam quatro e seis por símbolo, respetivamente. Além disso, quando a SNR é elevada, é possível enviar dados rapidamente nesta modulação (16-QAM e 64-QAM) e o desempenho melhora após SNR 9 dB (a BER diminui).

4.6 Desempenho LTE segundo o modelo de canal urbano típico alargado (ETU)

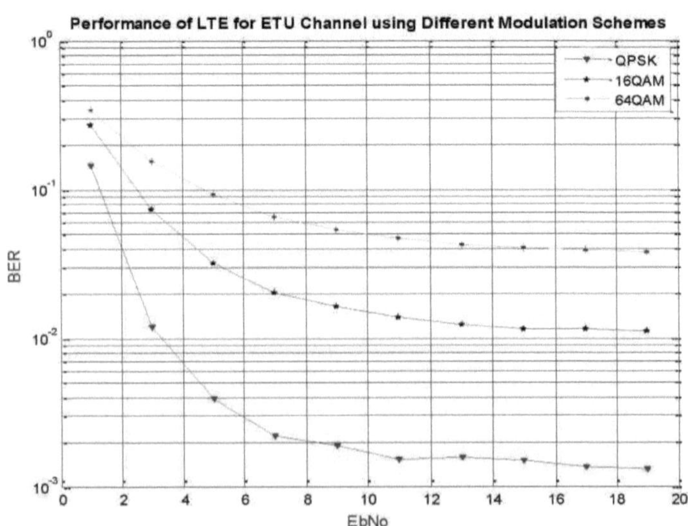

Figura 4.7 Desempenho do LTE para o canal ETU utilizando diferentes esquemas de modulação

A Figura 4.7 demonstra o desempenho do LTE para o canal ETU utilizando diferentes esquemas de modulação. No presente estudo, a comparação da BER com a SNR mostrou que o valor da BER na modulação QPSK na SNR 19 dB é 9 x 10^{-2}. Além disso, o valor da BER 16-QAM e 64-QAM é de 10^{-2} e $7x10^{-1}$ na mesma SNR de 19 dB. É interessante notar que em todos os três casos de Rayleigh neste estudo o desempenho do QPSK é o melhor devido às mesmas razões mencionadas no canal AWGN.

Em suma, o desempenho superlativo é mostrado na Figura 4.5Figura 4.6 e Figura 4.67 neste teste com o canal EPA com modulação diferente por duas razões: a primeira é que o efeito do desvio Doppler é menor do que o EVA e ETU. A segunda, que é um fator importante, assume que o número de taps é apenas sete no canal EPA, como mostra a Tabela 3:4, o desempenho do EVA é mais eficiente do que o ETU porque o valor do atraso de tap no EVA é mais adequado do que o ETU no ambiente do sistema LTE, como claramente indicado na Tabela 3:6 e na Tabela 3:8, respetivamente. Em geral, se houver um aumento no número de taps, a BER do canal aumenta. Além disso, quando a SNR é aumentada, a BER pode diminuir com todos os esquemas de modulação e, especificamente, com 16-QAM e 64-QAM.

4.7 Desempenho LTE por diversidade do transmissor e do recetor

Os resultados desta fase são discutidos em três partes principais. A primeira é o desempenho do LTE realizado pela diversidade do emissor e do recetor com o canal EPA, enquanto a segunda parte é realizada com o canal EVA. O desempenho final do LTE é realizado com o canal ETU.

4.7.1 O Desempenho do LTE por Diversidade de Emissor e Recetor com o Canal EPA

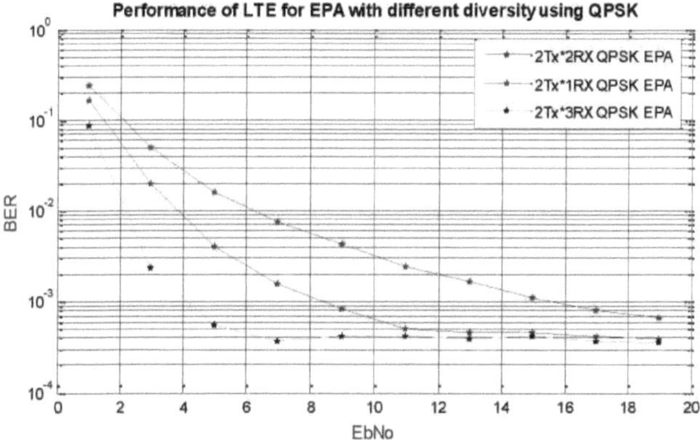

Figura 4.8 Desempenho do LTE para o canal EPA com diferentes diversidades de recetor utilizando a modulação modulação QPSK

Uma das conclusões mais significativas desta parte é que, se o número de antenas no recetor aumentar, o desempenho neste cenário pode ser o mais suficiente, especificamente quando a SNR é baixa. Por outro lado, se a SNR for elevada, o efeito da diversidade no recetor é um desempenho menos viável. Uma das desvantagens da diversidade com o canal EPA deve-se à baixa velocidade da EM (Doppler shift é baixo), nomeadamente com a modulação QPSK [29].

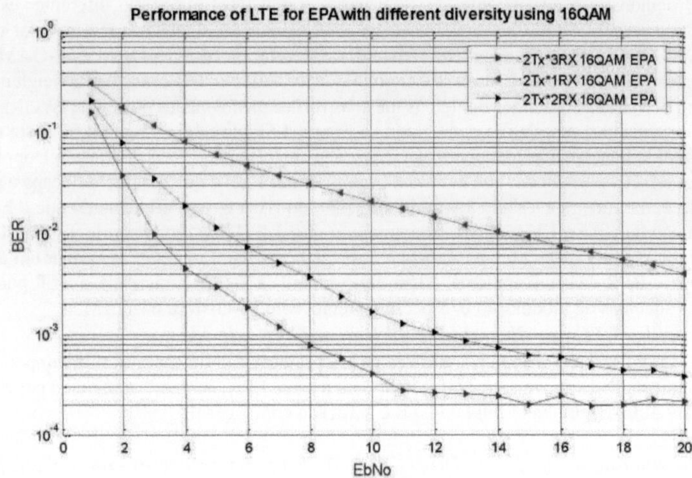

Figura 4.9 Desempenho do LTE para o canal EPA com diversidade de recetor diferente utilizando modulação 16-modulação QAM

Este método é particularmente útil para analisar a forma de mostrar o benefício da utilização da diversidade com 16-QAM para o canal EPA. A Figura 4.9 demonstra o desempenho do LTE com o canal EPA com diferentes diversidades de recetor usando modulações 16-QAM. A descoberta mais significativa, que não foi mencionada, é que não houve maior benefício em usar duas antenas no transmissor com três antenas nos receptores em comparação com o uso de duas antenas no transmissor com duas antenas, particularmente quando a SNR é alta. Em contrapartida, outra constatação interessante é que, quando se utiliza 2Tx * 2Rx em comparação com 2Tx * 1Rx, o ganho a 7 dB de SNR em 2Tx * 2Rx em comparação com 2Tx * 1Rx é de 13 dB, ao passo que o ganho com 2Tx * 3Rx em comparação com 2Tx * 2Rx à mesma SNR é de 5 dB.

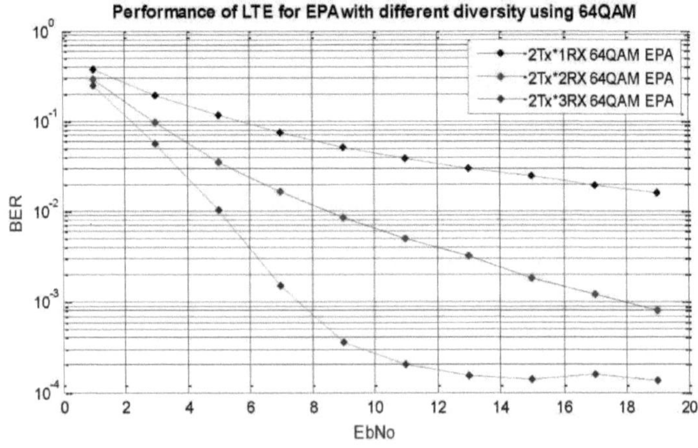

Figura 4.10 Desempenho do LTE para o canal EPA com diversidade de recetor diferente utilizando modulação 64 modulação QAM

Na Figura 4.10, os resultados deste estudo mostram que o desempenho do LTE para o canal EPA com diversidade de recetor diferente utilizando a modulação 64-QAM com 2Tx * 3Rx é mais adequado. No entanto, o desempenho 2Tx * 2Rx com 16-QAM é menos viável. O ganho de 2Tx * 3Rx em SNR é de 8 dB, em comparação com 2Tx * 2Rx é de 11 dB.[19].

4.7.2 O desempenho do LTE por diversidade de emissor e de recetor com o canal EVA

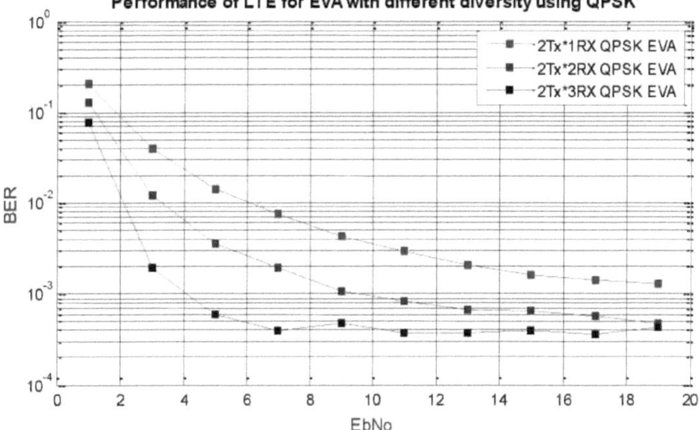

Figura 4.11 Desempenho do LTE para o canal EVA com diferentes diversidades de recetor utilizando a modulação QPSK.

Na Figura 4.11, uma descoberta inesperada é que o comportamento do desempenho do LTE para o canal EVA na modulação QPSK é comparável ao comportamento do canal EPA com a mesma modulação. Uma das vantagens desejáveis da diversidade com o canal EVA é a elevada velocidade de MS (o desvio Doppler é elevado), nomeadamente com a modulação QPSK. Por outro lado, o desempenho melhorado, especificamente com 2Tx * 3Rx no canal EVA quando a SNR é baixa, é melhor do que o canal EPA na mesma diversidade. Por exemplo, a BER no canal EVA com SNR 5 dB é 7×10^{-3} e a BER no canal EPA com a mesma SNR é 5×10^{-3}.

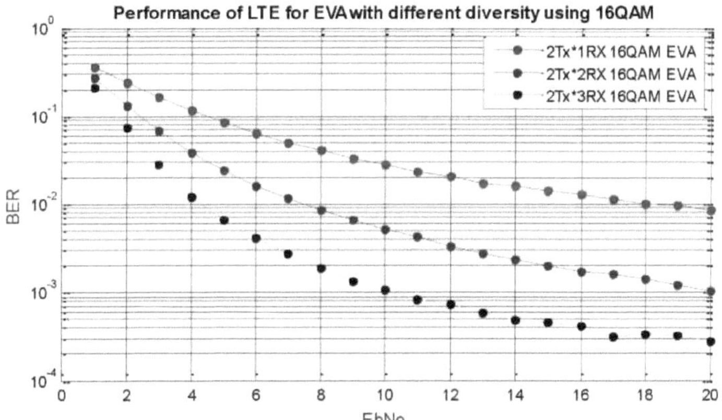

Figura 4.12 Desempenho do LTE para o canal EVA com diferentes diversidades de recetor utilizando modulação 16-QAM

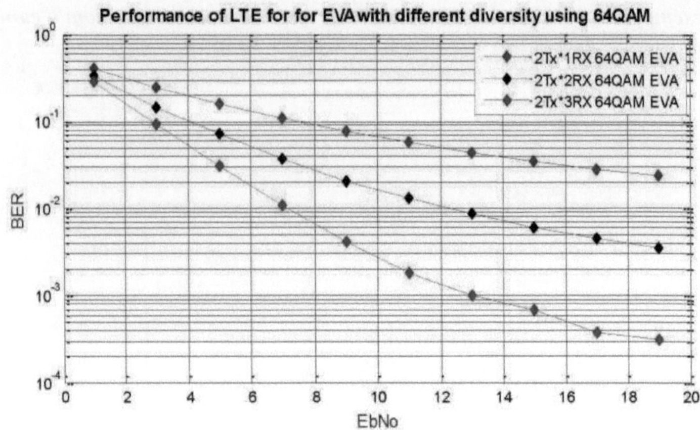

Figura 4.13 Desempenho do LTE para o canal EVA com diversidade de recetor diferente utilizando modulação 64- modulação QAM

Obviamente, a Figura 4.12 e a Figura 4.13 demonstram o desempenho do LTE para o canal EVA com diferentes diversidades de recetor utilizando modulações 16-QAM e 64-QAM, respetivamente. Uma forte relação entre 16-QAM e 64-QAM é que, se o número de antenas no recetor for aumentado, o desempenho pode ser mais adequado ao canal EVA. De um modo geral, a diversidade do recetor no canal EVA aumenta o nível de ligação quando a diversidade no recetor é aumentada, o que leva a um melhor desempenho do sistema.

4.7.3 O Desempenho do LTE por Diversidade de Emissor e Recetor com o Canal ETU

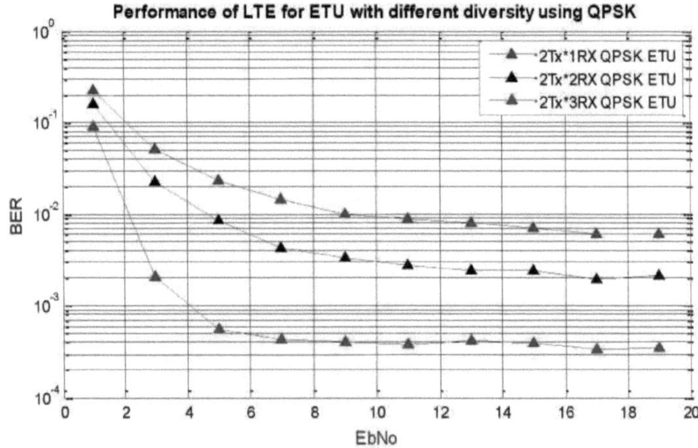

Figura 4.14: Desempenho do LTE para o canal ETU com diferentes diversidades de recetor utilizando a modulação QPSK

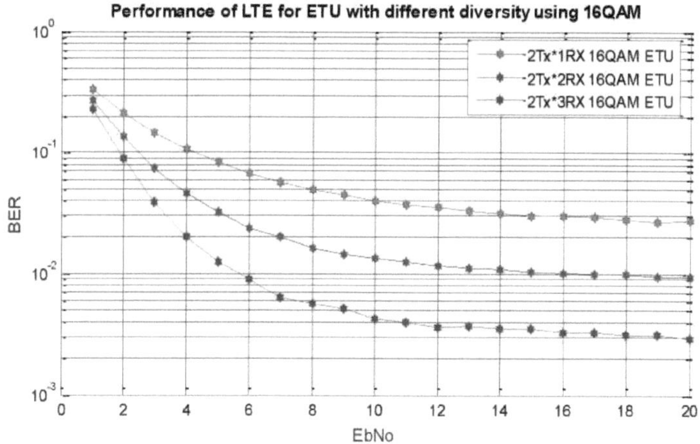

Figura 4.15 Desempenho do LTE para o canal ETU com diversidade de recetor diferente utilizando modulação 16- modulação QAM

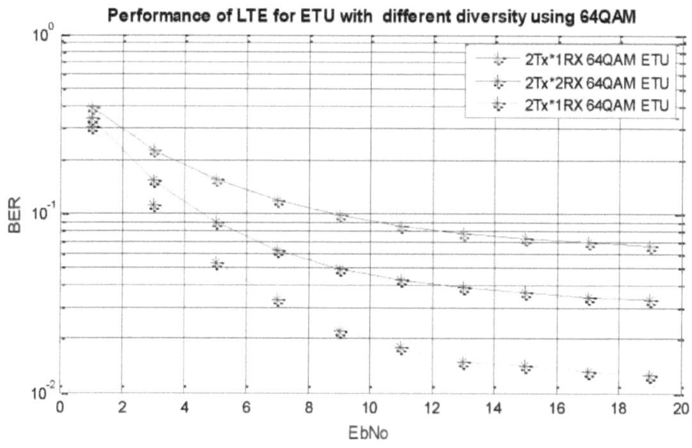

Figura 4.16 Desempenho do LTE para o canal ETU com diversidade de recetor diferente utilizando modulação 64 modulação QAM

As Figuras 4.14, 4.15 e 4.16 explicitam o desempenho do LTE para o canal ETU com diferentes diversidades de recetor utilizando as modulações QPSK, 16-QAM e 64-QAM, respetivamente. Através da análise efectuada, pode concluir-se que a avaliação da diversidade em diferentes cenários observou resultados consistentes quando o número de taps do caminho era baixo, resultando no melhor desempenho. No entanto, um achado interessante é o desempenho do QPSK nos cenários anteriores (EPA QPSK, EVA QPSK); não foi observada evolução na BER quando se utilizou a diversidade especificamente em 2Tx * 3Rx; já no desempenho do QPSK com o canal ETU, a diversidade foi mais aprimorada, especificamente em 2Tx * 3Rx.

4.8 *Desempenho LTE com o sistema OFDM por diferentes prefixos cíclicos*

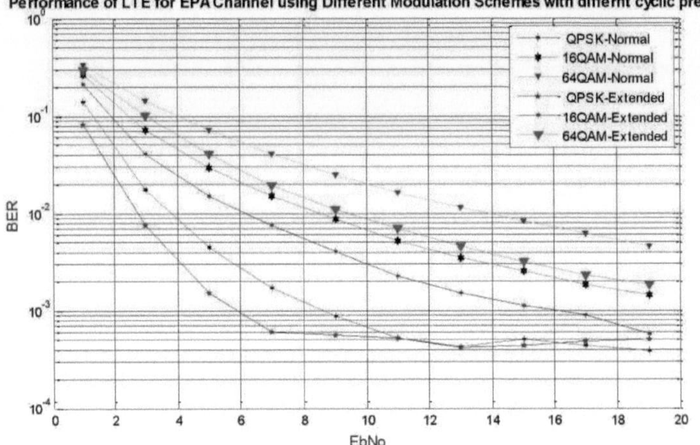

Figura 4.17 Desempenho do LTE para o canal EPA utilizando diferentes esquemas de modulação com diferentes esquemas de modulação com diferentes prefixos cíclicos (normal, alargado).

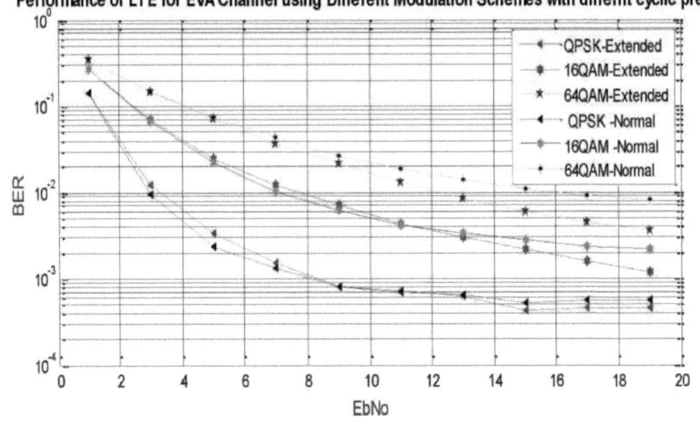

Figura 4.18 Desempenho do LTE para o canal EVA utilizando diferentes esquemas de modulação com diferentes esquemas de modulação com diferentes prefixos cíclicos (normal, alargado).

De acordo com a Tabela 3:10, este cenário examina o efeito do prefixo cíclico em diferentes tipos. O primeiro é o prefixo cíclico normal, que se pretende que seja suficiente para a maioria deste sistema (LTE). O segundo, o prefixo cíclico alargado, foi concebido para cenários com spreads de atraso especialmente elevados. A Figura 4.17 e a Figura 4.18 mostram o desempenho do LTE para os canais EPA e EVA utilizando diferentes esquemas de modulação com diferentes prefixos cíclicos (normal, alargado), respetivamente. A conclusão mais óbvia da análise é que o prefixo cíclico alargado é mais viável com o canal EPA do que com o canal EVA, devido ao menor desvio Doppler do canal EPA e ao menor número de taps. Isto significa que o prefixo cíclico alargado é mais adequado para reduzir o efeito do desvio de Doppler e do número de taps do . As figuras mostram o prefixo cíclico e o espalhamento do atraso no recetor. O que é interessante nestes dados é que também se reflecte que a BER diminui à medida que o PC aumenta, ao passo que, quando o PC aumenta, a taxa de transferência diminui. Além disso, é importante que a duração do espalhamento de atrasos seja inferior ao período do prefixo cíclico para reduzir a interferência entre símbolos. Se examinarmos a figura 4:18, o mais importante é constatar que, no canal EVA, quando a SNR é baixa, o prefixo cíclico alargado não melhora o desempenho (reduz a

BER), ao passo que melhora claramente o desempenho quando a SNR é alta. A razão é que o ambiente do canal EVA tem nove taps e o efeito dos taps de multipercurso quando a SNR é baixa é maior do que o aumento do prefixo cíclico alargado.

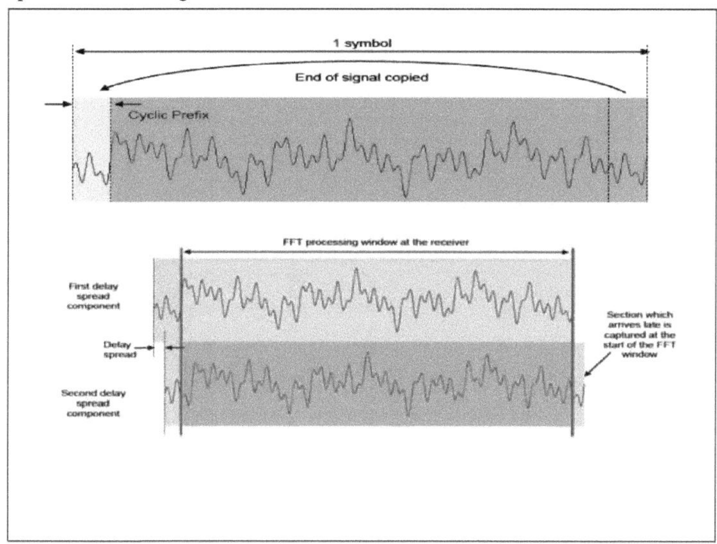

Figura 4.19 Componentes do prefixo cíclico e do espalhamento do atraso capturados pelo processamento da FFT no recetor [30]

4.9 Desempenho LTE por Mobilidade com Diferentes Modulações

Nesta parte, de acordo com a Tabela 3:11, conforme discutido anteriormente no capítulo de metodologia, os resultados obtidos a partir deste cenário são divididos em três sub-partes em termos de diferentes canais (EPA, EVA e ETU) com diferentes desvios Doppler.

4.9.1 Desempenho LTE por Mobilidade com Diferentes Modulações com o Canal EPA

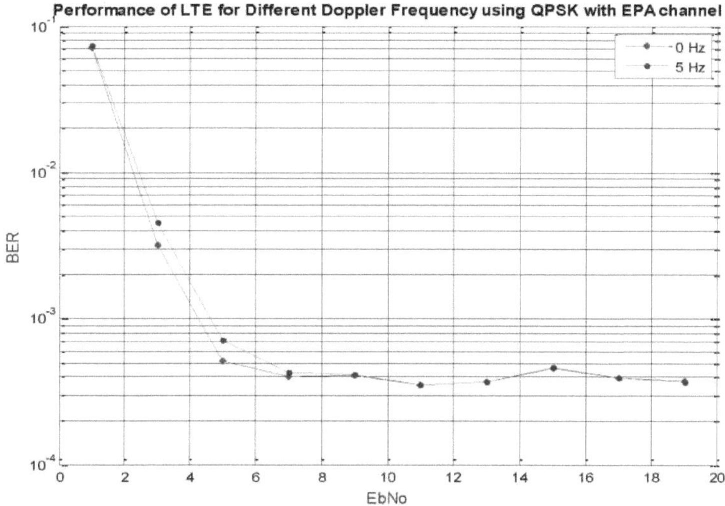

Figura 4.20 Desempenho do LTE para diferentes frequências Doppler utilizando QPSK com o canal EPA canal.

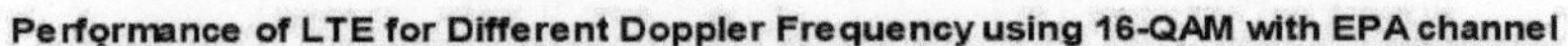

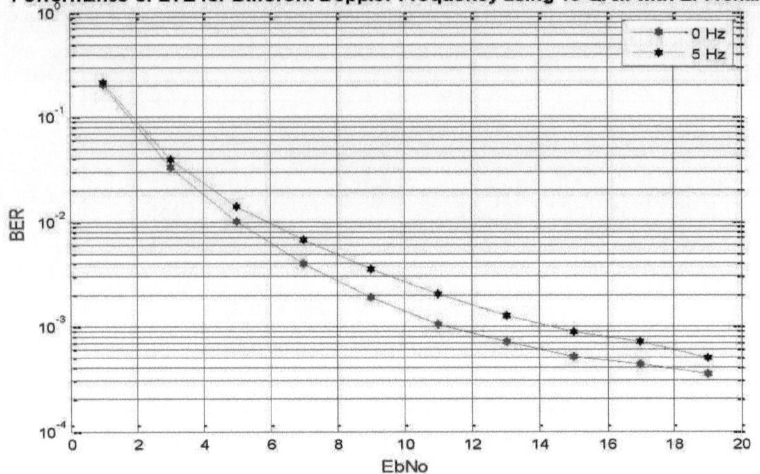

Performance of LTE for Different Doppler Frequency using 64-QAM with EPA channel

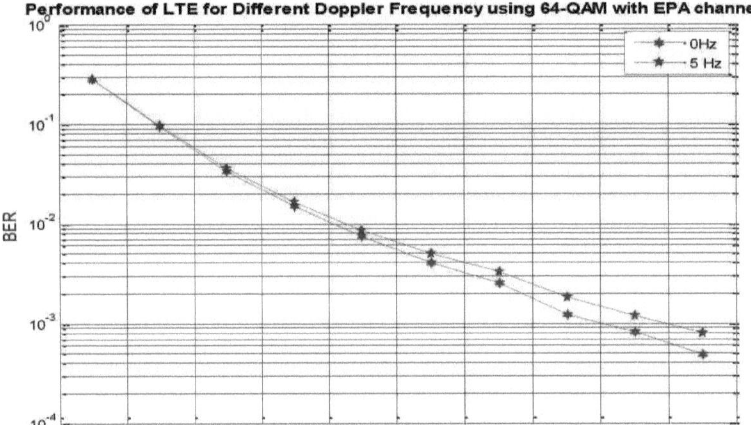

Figura 4.21: Desempenho do LTE para diferentes frequências Doppler utilizando 16-QAM com EPA canal

Figura 4.22 Desempenho do LTE para diferentes frequências Doppler utilizando 64-QAM com EPA canal

Há evidências de que o desvio Doppler desempenha um papel crucial na alteração do desempenho do sistema LTE, especificamente quando a velocidade do equipamento móvel aumenta e a BER aumenta. De acordo com os resultados da simulação apresentados na Figura 4.20, na Figura 4.21 e na Figura 4.22, uma descoberta inesperada com o QPSK, especificamente com o canal EPA, é que o desvio Doppler não afecta o desempenho do LTE em comparação com o 16-QAM e o 64-QAM. Pelo contrário, o efeito de perda devido ao desvio Doppler no 16-QAM e no 64-QAM aumentará quando se aumentar a modulação. Por exemplo, as perdas no 16-QAM em BER de 7 x 10^{-3} no desvio do Doppler de 0 Hz em comparação com o desvio do Doppler de 5 Hz é de 2 dB, enquanto as perdas no 64-QAM em BER de 5 x 10^{-3} no desvio do Doppler de 0 Hz em comparação com o desvio do Doppler a 5 Hz é de 3 dB.

4.9.2 Desempenho LTE por Mobilidade com Diferentes Modulações com o Canal EVA

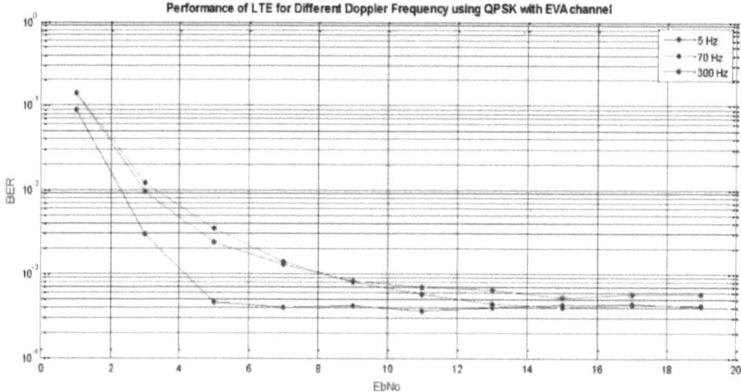

Figura 4.23 Desempenho do LTE para diferentes frequências Doppler utilizando QPSK com o canal EVA canal EVA.

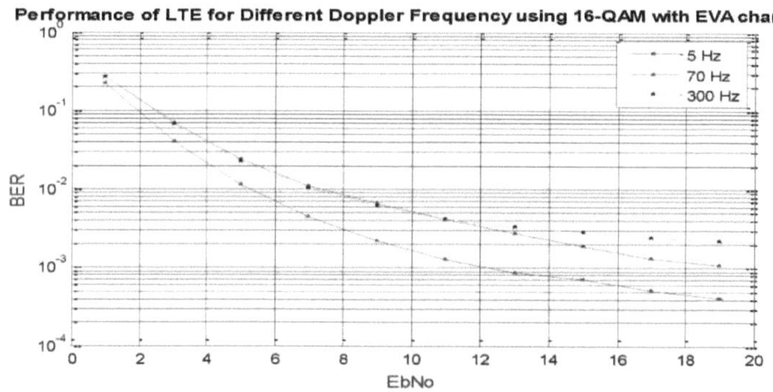

Figura 4.24 Desempenho do LTE para diferentes frequências Doppler utilizando 16-QAM com o canal EVA canal.

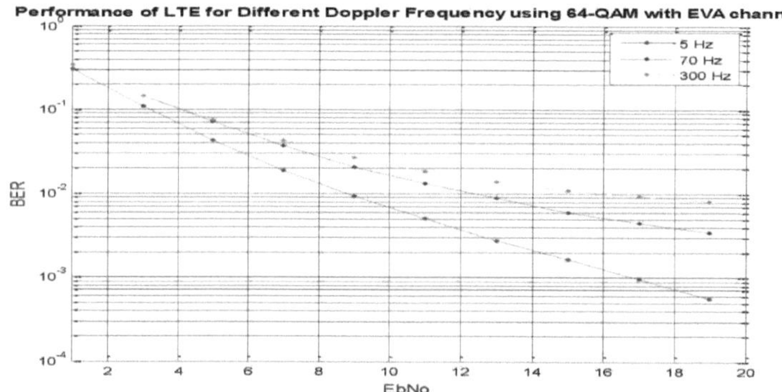

Figura 4.25 Desempenho do LTE para diferentes frequências Doppler utilizando 64-QAM com o canal EVA canal.

O resultado da BER do desempenho do LTE para diferentes frequências Doppler, utilizando modulações QPSK, 16-QAM e 64-QAM com os canais EVA, é apresentado nas Figuras 4.23, 4.24 e 4.25, respetivamente. Os resultados desta parte mostram o impacto do desvio Doppler (5 Hz, 70 Hz, 300 Hz), que indica que se perdem quase 4 dB quando a velocidade móvel aumenta de 30 km/h para 120 km/h com modulações 16-QAM e 64-QAM. No entanto, o efeito do desvio do Doppler com QPSK altera ligeiramente o desempenho do sistema LTE com os mesmos valores de desvio do Doppler. Os valores apresentados na Tabela 3:6 e a constelação QPSK ajudam a reduzir o efeito do desvio do Doppler no canal EVA-QPSK.

4.9.3 Desempenho LTE por Mobilidade com Diferentes Modulações com o Canal ETU

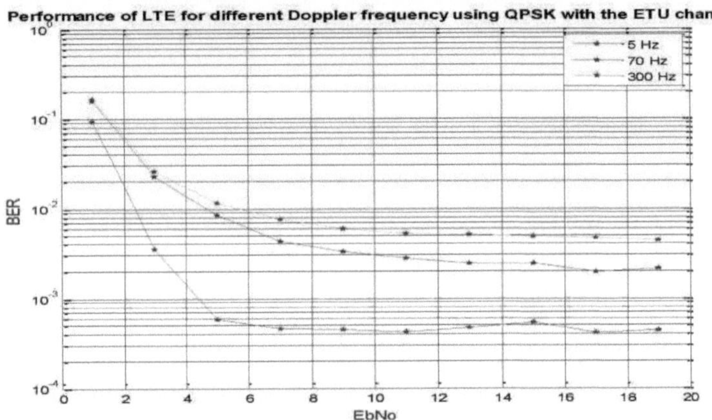

Figura 4.26 Desempenho do LTE para diferentes frequências Doppler utilizando QPSK com o canal ETU canal.

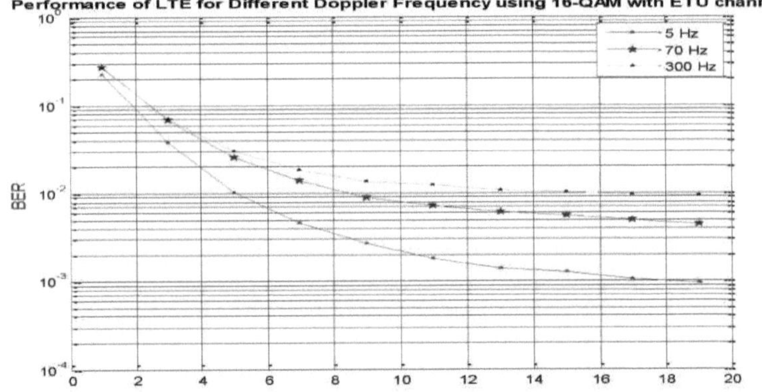

Figura 4.27 Desempenho do LTE para diferentes frequências Doppler utilizando 16-QAM com o canal ETU canal

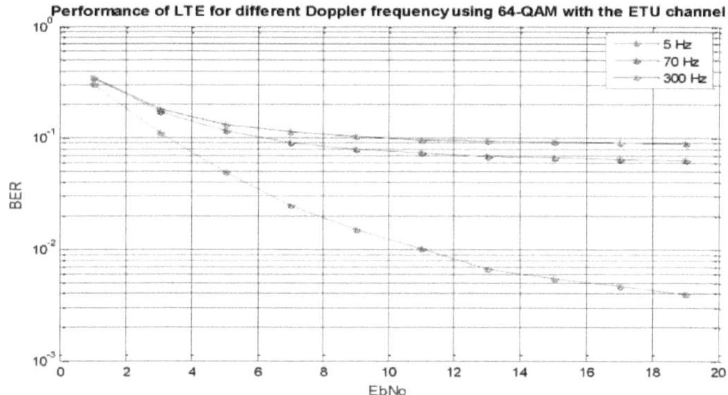

Figura 4.28 Desempenho do LTE para diferentes frequências Doppler utilizando 64-QAM com o canal ETU canal.

Uma outra constatação é que o desempenho do sistema LTE com QPSK é variável com o canal ETU com diferentes desvios do Doppler, em comparação com estudos anteriores (EPA- QPSK e EVA-QPSK mostrados na Figura 4.20 e na Figura 4.23, respetivamente). O valor das perdas no canal ETU-QPSK a uma BER de 9×10^{-2} com desvio do Doppler de 70 Hz em comparação com 300 Hz é de 5 dB. Isto significa que o efeito do desvio do Doppler é muito elevado neste canal, apesar de se utilizar a modulação QPSK. Além disso, os valores das perdas em 16-QAM e 64-QAM para os mesmos desvios Doppler (70 Hz, 300 Hz) são de 11 dB e 10 dB, respetivamente. Estas perdas de desempenho do sistema LTE com este canal devido aos efeitos Doppler têm a maior influência, com o aumento do número de taps neste canal, de acordo com a Tabela 3:8, como mencionado no capítulo anterior.

4.10 O débito do LTE com diferentes modulações e diversidade

Esta investigação está dividida em duas partes. A primeira calcula o débito com diferentes modulações e diversidade com o canal EPA. A segunda calcula o débito com os mesmos parâmetros com o canal EVA, de acordo com a Tabela 3:12 do capítulo anterior.

4.10.1 O débito do LTE com o canal EPA com diferentes modulações

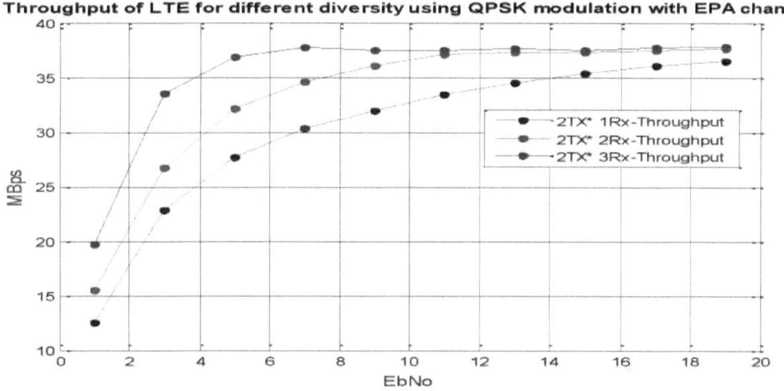

Figura 4.29 Débito do LTE para diferentes diversidades utilizando a modulação QPSK com o canal EPA canal EPA.

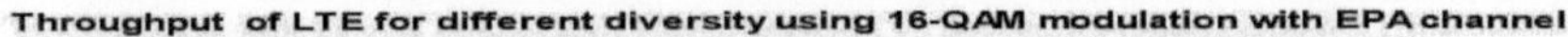

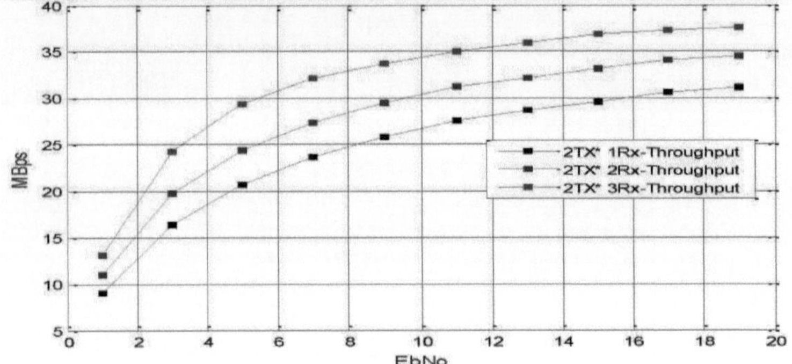

Figura 4.30 Débito do LTE para diferentes diversidades utilizando a modulação 16-QAM com o canal EPA canal.

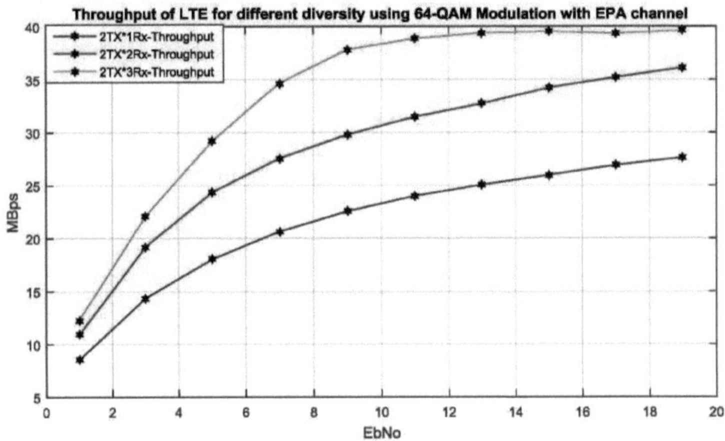

Figura 4.31 Débito do LTE para diferentes diversidades utilizando a modulação 64-QAM com o canal EPA canal EPA.

Neste estudo, a Figura 4.29, a Figura 4.30 e a Figura 4.31 mostram a taxa de transferência do LTE para diferentes diversidades, utilizando modulações QPSK, 16-QAM e 64-QAM com os canais EPA, respetivamente. Uma constatação interessante é que a taxa de transferência com QPSK aumenta com a diversidade no recetor. A taxa de transferência com 2Tx * 1Rx a SNR 7 é de 30 Mbps, enquanto a taxa de transferência com 2Tx * 3Rx é de 37 Mbps, um ganho de 7 Mbps. Em contrapartida, não faz sentido utilizar a diversidade, nomeadamente com 2Tx * 3Rx, quando o valor da SNR é superior a 11 dB. Isto porque o desempenho do 2Tx * 2Rx era muito próximo do 2Tx * 3Rx quando o valor da SNR aumentava com a modulação QPSK.

Outra constatação importante foi o facto de o débito com 16-QAM utilizando diversidade ser melhor do que com 64-QAM, porque o efeito do ruído é maior neste último. Por outro lado, o throughput usando 64-QAM com diversidade 2Tx * 2Rx comparado com 2Tx * 3Rx é mais viável do que com 16-QAM (ver Figuras Figura 4.30 e Figura 4.31, que ilustram essas respectivas diferenças). Com a SNR de 11 dB, o débito de 64-QAM com 2Tx * 2Rx foi de 32 Mbps e com 2Tx * 3Rx foi de 39 Mbps, um ganho de 7 Mbps; enquanto o débito de 16-QAM com 2Tx * 2Rx foi de 31 Mbps e com 2Tx * 3Rx foi de 35 Mbps, um ganho de 4 Mbps.

4.10.2 O débito do LTE com o canal EVA com diferentes modulações

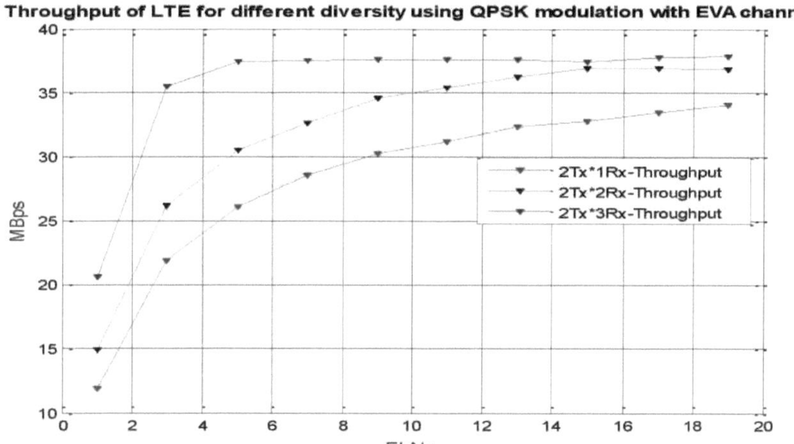

Figura 4.32 Débito do LTE para diferentes diversidades utilizando a modulação QPSK com o canal EVA.

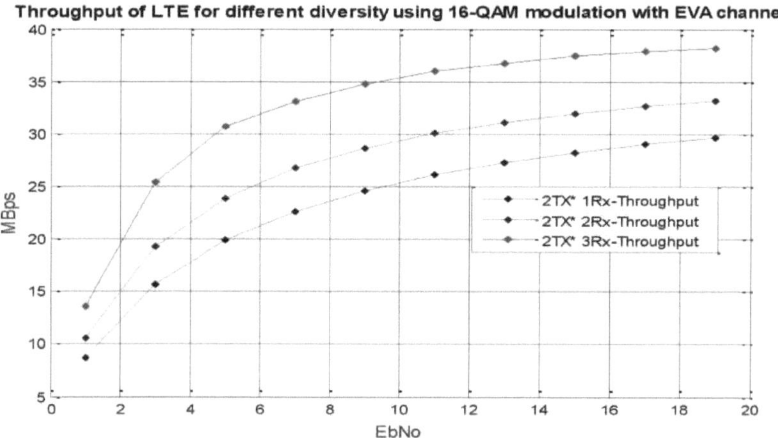

Figura 4.33 Débito do LTE para diferentes diversidades utilizando a modulação 16-QAM com EVA canal

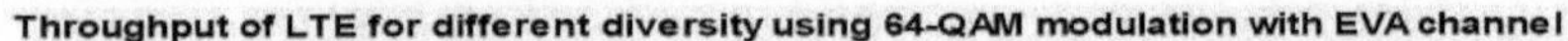

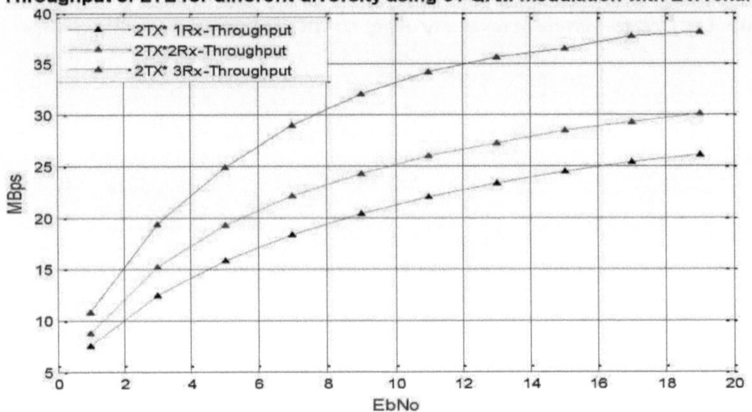

Figura 4.34 Débito do LTE para diferentes diversidades utilizando a modulação 64-QAM com EVA canal

Estas conclusões melhoram a nossa compreensão do desempenho do rendimento do sistema LTE com o canal EVA. As figuras 4.32, 4.33 e 4.34 mostram o débito do LTE para diferentes diversidades, utilizando modulações QPSK, 16-QAM e 64-QAM com o canal EVA. Esta investigação revelou que o débito do canal EVA com QPSK era mais viável quando se utilizava a diversidade do que o desempenho com exames anteriores (débito EPA-QPSK). A melhoria do débito do EVA utilizando 2Tx * 3Rx em comparação com 2Tx * 1Rx foi de 4 Mbps, enquanto a melhoria do débito com EPA foi de apenas 2 Mbps, em comparação com os estilos de diversidade 2Tx * 3Rx e 2Tx * 1Rx.

Além disso, a taxa de transferência das modulações 16-QAM e 64-QAM com o canal EVA foi melhor do que com o canal EPA, apesar de o número de caminhos no canal EVA ser maior. A razão para este melhor desempenho é o facto de a diversidade ser mais reforçada com um canal que tem um multipercurso, porque o ponto principal da diversidade é aumentar a comunicação ao nível da ligação, diminuindo assim o BER e aumentando o desempenho do débito.

De um modo geral, estes resultados sugerem que, em geral, o débito depende de quatro pontos principais: primeiro, o valor de BER no canal; se o valor de BER for baixo, o valor do débito terá o maior valor. O segundo ponto é o tipo de modulação; por exemplo, quando se utiliza o QPSK, o efeito do ruído nesta modulação é baixo, enquanto o 64-QAM é mais sensível ao ruído porque a distância entre os bits é muito pequena. A Figura 4.35 dos diagramas de constelação de QPSK, 16-QAM e 64-QAM ilustra esta condição. O terceiro ponto é o tipo de diversidade, que, quando utilizada no sistema LTE, será equilibrada com o esquema de modulação. Se o número de antenas no transmissor ou no recetor for aumentado, a BER será reduzida e a SNR aumentada. Finalmente, a percentagem de elementos de referência (ER) em cada bloco de recursos (RBs) afecta o valor da largura de banda, uma vez que todos os sistemas LTE devem fornecer essa percentagem. Neste estudo, o valor da percentagem de ER é de 10% [31], [32].

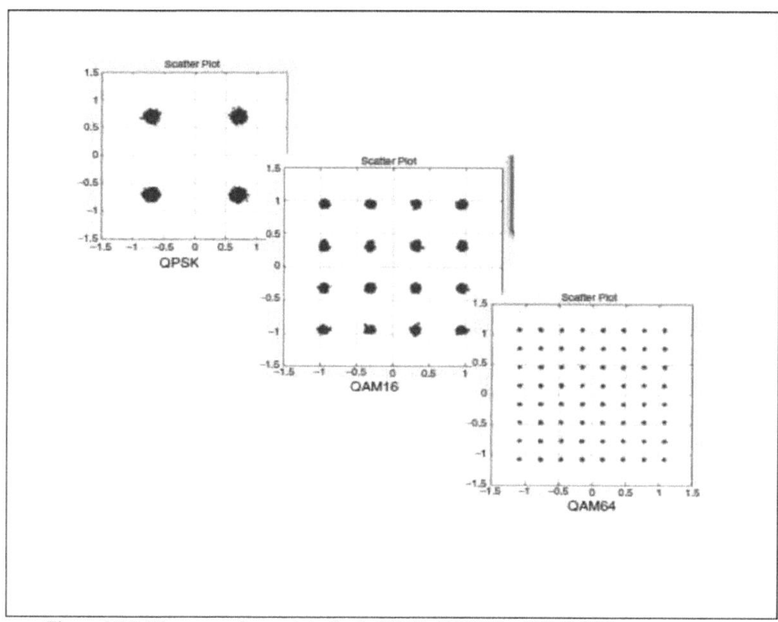

Figura 4.35: Diagramas de constelação de QPSK, 16QAM e 64QAM [3]

4.11 Resumo

No capítulo seguinte, é apresentado um resumo das principais conclusões e das principais questões encontradas neste capítulo, bem como as sugestões que surgiram desta discussão. Todos os resultados que foram discutidos foram comparados com o inquérito efectuado na revisão da literatura. Estes resultados estão em linha com os de estudos anteriores, mas são mais lógicos porque este estudo lida com valores realistas em todos os sistemas.

Conclusões e trabalho futuro

Introdução

Este capítulo começa por apresentar conclusões gerais sobre o presente estudo. Em seguida, conclui com algumas sugestões para trabalhos futuros que poderão melhorar os resultados deste projeto de tese.

Conclusões gerais

A primeira parte deste estudo centrou-se em determinar e explicar qual a camada a investigar com LTE neste projeto de investigação. O principal objetivo do presente estudo foi obter a BER em função da SNR em diferentes cenários e obter a BER em função dos modelos de canal. Em seguida, a revisão da literatura e da tecnologia relevantes para as principais ideias do projeto foi discutida na segunda parte para dar ao leitor uma melhor compreensão dos princípios e objectivos do presente estudo. Podemos concluir da revisão da literatura que a maioria dos estudos anteriores que investigaram trabalhos relacionados direta ou indiretamente com o presente estudo têm limitações e lacunas. As limitações e lacunas mais comuns observadas foram o facto de não dependerem de uma investigação realista, nem utilizarem todos os canais com o sistema LTE.

No entanto, o presente estudo centra-se no trabalho realista em termos de seleção dos parâmetros em esquemas de modulação específicos que são compatíveis com os sistemas LTE, modelos de canal e técnicas em que o sistema LTE pode ser utilizado especificamente na camada física.

A metodologia adoptada no presente estudo é uma estrutura sistemática de vários cenários em função do objetivo mencionado no Capítulo 1, tendo em conta os cenários realistas de construção baseados em informações recolhidas junto de várias empresas.

Utilizando a simulação MATLAB 2015a, a nossa análise mostrou que o desempenho do LTE na camada física com base na metodologia varia em diferentes cenários. Observa-se que, em todos os cenários deste estudo, quando a ordem de modulação aumenta, a BER aumenta para a mesma gama de valores de SNR. Além disso, os espaços entre os símbolos diminuem para QAM de ordem mais elevada; por conseguinte, QAM de ordem mais elevada provoca aumentos na BER mesmo para uma pequena quantidade de ruído. A conclusão mais óbvia com o canal de Rayleigh, em comparação com o número de taps com diferentes modulações, que resulta da análise é que, se o número de multipercursos aumentar, a BER pode aumentar como resultado para a mesma gama de valores de SNR. O teste foi bem sucedido, uma vez que tem a capacidade de identificar qual a diversidade mais viável no desempenho da camada física LTE com diferentes canais, quando o desempenho do canal EPA é menos viável em comparação com os canais EVA e ETU, respetivamente.

De um modo geral, aumentando o número de antenas, tanto do lado do transmissor como do lado do recetor, e aumentando a ordem de diversidade, é possível obter o desempenho da BER. O prefixo cíclico é um dos factores que altera o desempenho do LTE. Como se observa, o desempenho do LTE com um prefixo cíclico alargado é melhor do que o prefixo cíclico normal com diferentes canais, especialmente quando se utiliza o canal multipercurso. Normalmente, se o período do prefixo cíclico aumentar, tanto a BER como a taxa de transferência diminuem. Um dos objectivos do LTE é aumentar a taxa de transferência, o que pode ser conseguido em duas vertentes, que são o aumento da diversidade especificamente com o canal multipercurso e a utilização de modulação de ordem elevada quando a SNR é elevada.

Finalmente, este estudo atingiu os seus objectivos e melhorou o conhecimento do autor sobre a camada física LTE, o que é um passo que pode levar à realização de trabalhos adicionais no futuro.

Trabalho futuro

O presente estudo pode ser a primeira tentativa de explicar a investigação da camada física do LTE e analisar o seu desempenho com base no BER com diferentes canais e cenários de modulação. Devido ao limite de tempo, esta investigação não cobriu todos os aspectos que dizem respeito à camada física do sistema LTE. Com base na nossa investigação e experiências, o trabalho futuro mais significativo pode ser resumido da seguinte forma:

1. Melhorar o desempenho do canal EVA alterando os parâmetros que afectam o desempenho do canal (diminuir o BER com SNR baixo). Por exemplo, alterar o valor do atraso e da potência relativa por caminho para o modelo de canal EVA, dependendo do ambiente que funciona com ele. A boa notícia sobre este canal será a sua utilização nos próximos anos com as melhorias do sistema LTE e a localização mais eficiente dos automóveis.

2. Análise do sistema da camada física LTE com um modelo de comboio de alta velocidade (HST) com diferentes desvios Doppler de ambos os lados e diferentes esquemas de modulação, dependendo do ambiente em que funciona.
3. Seria interessante estudar o sistema da camada física LTE com o código de controlo de paridade de baixa densidade (LDPC) em vez da codificação turbo, porque o LDPC tem um desempenho próximo da capacidade. Também é fácil alterar a taxa com o LDPC, ao passo que a codificação turbo é fixa.
4. Outra questão importante para investigação futura é a otimização do prefixo cíclico no sistema LTE.
5. É necessário efetuar mais estudos que tenham em conta estas variáveis (codificação e largura de banda) e que obtenham o débito do sistema LTE com diferentes larguras de banda e com codificação LDPC.

Referências

O. Bulakci, S. Redana, B. Raaf e J. Hamalainen, "Performance enhancement in LTE-advanced relay networks via relay site planning," In *Vehicular technology conference (VTC 2010-spring), 2010 IEEE 71st,* 2010, pp. 1-5.

H. Holma e A. Toskala, *LTE for UMTS-OFDMA and SC-FDMA based radio access,* John Wiley & Sons, 2009.

H. Zarrinkoub, *Understanding LTE with MATLAB: From mathematical modeling to simulation and prototyping,* John Wiley & Sons, 2014.

S. Sesia, I. Toufik e M. Baker, *LTE: The UMTS long term evolution,* Wiley Online Library, 2009.

E.T.S. 3GPP, *Evolved universal terrestrial radio access (E-UTRA) : Physical layer-measurements,* TS 136.214, V8.6.0, Release 8, abril de 2009.

D. Astely, E. Dahlman, A. Furuskar, Y. Jading, M. Lindstrom e S. Parkvall, "LTE: The evolution of mobile broadband", *Communications magazine, IEEE,* vol. 47, n.º 4, pp. 44-51, 2009.

J. Ylitalo e T. Jâmsâ, "LTE the UMTS long term evolution from theory to practice", 2009.

M. Rinne e O. Tirkkonen, "LTE, the radio technology path towards 4G," *Computer communications,* vol 33, no 16, pp. 1894-1906, 2010.

H.G. Myung, , "Introduction to single carrier FDMA," In *Proceedings of the 15th european signal processing conference (EUSIPCO'07),* 2007, pp. 2144-2148.

E. Dahlman, S. Parkvall e J. Skold, *4G: LTE/LTE-advanced for mobile broadband,* Academic press, 2013.

M. Tolstrup, *Indoor radio planning: A practical guide for gsm, dcs, umts, hspa and lte,* John Wiley & Sons, 2011.

L. R. D. Guideline, "Nokia siemens networks LTE radio access, rel. RL20, operating documentation, issue 02," 2010.

M. Viswanathan, "Simulação de sistemas de comunicação digital usando matlab [eBook]", *Publicado: Fev,* vol 18, pp. 2013, 2013.

K.C. Beh, A. Doufexi e S. Armour, "On the performance of SU-MIMO and MU-MIMO in 3GPP LTE downlink," In *Personal, indoor and mobile radio communications, 2009 IEEE 20th international symposium on,* 2009, pp. 1482-1486.

J.J. Sanchez, D. Morales-Jimenez, G. Gomez e J. Enbrambasaguas, , "Physical layer performance of long term evolution cellular technology," In *Mobile and wireless communications summit, 2007. 16.º IST,* 2007, pp. 1-5.

F. Rezaei, M. Hempel e H. Sharif, "LTE PHY performance analysis under 3GPP standards parameters," In *Computer aided modeling and design of communication links and networks (CAMAD), 2011 IEEE 16th international workshop on,* 2011, pp. 102-106.

S. Nagaraj, S. Garg, F. Liang, W. Yang, N. Mangalvedhe, J. Haug e K. Pradap, , "Lab performance analysis of a 4G LTE prototype," In *Wireless communications and networking conference, 2009. WCNC 2009.*
IEEE, 2009, pp. 1-6.

T. P. Ren, C. Yuen, Y. L. Guan e K. H. Wang, "3-time-slot group- decodable STBC with full rate and full diversity," *Communications letters, IEEE,* vol 16, no 1, pp. 86-88, 2012.

C. Yahiaoui, M. Bouhali, Y. Aouine, N. Bessah e C. Gontrand, "Simulating the long term evolution (LTE) downlink physical layer," In *Computer modelling and simulation (UKSim), 2014 UKSim-AMSS 16th international conference on,* 2014, pp. 531-535.
P. Chawla e B. Gupta, "BER analysis of single/multi-user LTE and LTE-A systems," In *Advance computing conference (IACC), 2014 IEEE international,* 2014, pp. 262-266.
A. Temtam, D.C. Popescu e O. Popescu, "Using OFDM pilot tone information to detect active 4G LTE transmissions," In *Communications (COMM), 2014 10th international conference on,* 2014, pp. 1-4.
A. El-Banna, M. Elsabrouty, A. Abdelrhman e S. Sampei, "Low complexityadaptive detection of distributed SFBC in open-loop CoMP," In *Computers and communication (ISCC), 2014 IEEE symposium on,* 2014, pp. 1-5.
H. Yasar Lateef, V. Dyo e B. Allen, "Performance analysis of opportunistic relaying and opportunistic hybrid incremental relaying over fading channels", *Communications, IET,* vol 9, no 9, pp. 1154-1163, 2015.
N. Bechir, M. Nasreddine, E. Messaoud e A. Mahmoud, "Performance evaluation of downlink LTE system," In *Advanced technologies for signal and image processing (ATSIP), 2014 1st international conference on,* 2014, pp. 492-496.
Yan Xin, Young-Han Nam, Yang Li e J.C. Zhang, , "Reduced complexity precoding and scheduling algorithms for full-dimension MIMO systems," In *Global communications conference (GLOBECOM), 2014 IEEE,* 2014, pp. 4858-4863.
A. Manikandan, V. Venkataramanan, M. Kavitha, S. Parvathi e T. T. T. Tiruvannamalai, "Performance analysis of LTE physical layer based on release 8&9 through simulink environment," *International journal of advanced technology & engineering research (IJATER),* vol 2, no 6, pp. 9297, Nov. 2012 .
D. Martin-Sacristan, J. Cabrejas, D. Calabuig e J.F. Monserrat, "MAC layer performance of different channel estimation techniques in UTRAN LTE downlink," In *Vehicular technology conference, 2009. VTC primavera 2009. IEEE 69ª,* 2009, pp. 1-5.
Instituto Europeu de Normas de Telecomunicações, ***"LTE; acesso rádio terrestre universal evoluído (E-UTRA); transmissão e receção rádio do equipamento do utilizador (UE) (3GPP TS 36.101 versão 10.3.0 release 10)",*** Instituto Europeu de Normas de Telecomunicações, 2011. [Em linha] Disponível em: http://www.etsi.org/deliver/etsi ts/136100 136199/136101/10.03.00 60/ts 136101v100300p.pdf [Acedido em 10/07/2015].
A. Lozano e N. Jindal, "Transmit diversity vs. spatial multiplexing in modern MIMO systems," *Wireless communications, IEEE transactions on,* vol 9, no 1, pp. 186-197, 2010.
Y. Zaki, "Future Mobile Communications," in *Long term evolution (LTE),* Anonymous Springer, 2013, pp. 13- 13-33.
H. Holma e A. Toskala, *LTE for UMTS-OFDMA and SC-FDMA based radio access,* John Wiley & Sons, 2009.
Dongzhe Cui, , "LTE peak rates analysis," In *Wireless and optical communications conference, 2009. WOCC 2009. 18.ª edição anual,* 2009, pp. 13.

Printed by Books on Demand GmbH, Norderstedt / Germany